趣味で量子力学

広江克彦著

理工図書

序文

まず最初に、この本の売れ行きを落としかねない正直な話をしておこう。いや、ひょっとするとこの話によって買ってくれる人が増えるかも知れないという期待もある。イチかバチかの賭けは大好きだし、どちらにしても正直に書くのが一番気楽だ。

量子力学を理解する一番の近道は、まず線形代数という数学の一分野を学ぶことであろう。量子力学の理論の根底にあるのは、まさに線形代数だからである。

しかし量子力学に興味があっても数学にはそれほどの興味は無いという人にとっては、それが近道だと言われてもなかなか辛い道になるのかも知れない。線形代数というのもそれなりに奥の深い学問なので、「量子力学を理解するには一体これをどこまで学んだら良いのだろう？」とか、「これのどこが量子力学の役に立つというのか？」という疑いや不安に襲われたりもする。

線形代数を学び終えたら、次はフーリエ解析という数学を学んでおくのが良いだろう。これは「複雑な波形であっても、単純なサイン波やコサイン波の足し合わせで表現できてしまう」という驚くべきアイデアについての学問であり、それは量子力学の中心的なアイデアでもある。実はこのフーリエ解析そのものが深いところで線形代数と繋がっていたりする。

これらの他にさらに知っておいた方が良い数学は、微分方程式の解法についての理論である。量子力学ではシュレーディンガー方程式というものが出てきて、これを解くことが量子力学の基本となるわけだが、これがまさに微分方程式になっているからである。微分方程式は一定の手順で必ず解けるというものではなく、場合によって方法を変えないといけない。少し複雑な微分方程式を解こうとすると、線形代数やフーリエ解析の知識が必要になってくる。要するに、これらの数学はどれも幾つかの部分でガッチリと繋がっているのである。

さて、ここで「急がば回れ」という言葉について考えてみよう。この場合、この言葉をどう当てはめたら良いだろうか。読者が量子力学の知識を急いで身に付けたいという願いを持っているとする。その為には、かなり遠回りに見えるけれども先に必要な数学をじっくり身に付けた方が結局は理解が早かったということになりそうだ。色々と苦労してすでに量子力学を身に付けた人にはそういう感想を持つ人も多いだろう。

しかしそれが本当に近道だというのなら、あともう少しだけ遠回りしてみてはいかがだろうか。具体的には、この本を読んでから数学に手を付けるのも悪くないのではないか、と思うのである。読み終わるのにそれほど時間は取らせないつもりだ。

というわけで、この本ではあらかじめ線形代数やフーリエ解析などを知っていることを前提とはしないで行く。そのせいで、少々じれったい、遠回りの説明になってしまうことになるだろう。すでにこれらの数学を学んだことのある読者は高みの見物を楽しんで欲しい。「ここの説明は線形代数を知っていればずっと楽なのに、苦労してるよなぁ」だとか、「フーリエ解析を知っていればこの部分は丸々要らないよね」とか言えるはずだ。

あるいは、この本を読んだ後で線形代数やフーリエ解析にチャレンジしてみたくなった人は、それらを学んで行くに従って武者震いをし始めるかもしれない。「もしかして、線形代数やフーリエ解析の知識を前提とした量子力学の教科書を書いてみたならば、この本よりもずっとずっとコンパクトにまとめられるのではないか？」と。それを試してみたくて、居ても立ってもいられない気分になる人も出てくるだろう。

数学だけ学んでみてもそれで量子力学の考え方が自然に思い付くわけではないので、どこかで抽象的な数学と具体的な量子力学との関係を説明しておくことが必要になる。この本ではそこに重点を置きたいと思う。数学的な厳密さや、きっちり体系的にまとまった美しさは犠牲にする。量子力学がどんな風に数学を使うのかをざっと把握できていれば、その後で関連する数学を学ぶときには広い視野で楽に知識を吸収できるようになるだろう。

この本がどのような本であるべきか、今の気持ちをまとめると次のようになる。学ぶときのスピード感を重視する。説明が少し冗長であったとしても、つまづかずに一気に読み通せるものにしたい。歴史順の説明にこだわらず、体系的にまとめられた美しさにもこだわらず、私の頭の中に整頓して収められている順に説明したい。そして、私の興味の趣くままに、時に寄り道もしながら、それでも突き進む。私の趣味によって取捨選択された内容の量子力学に、しばらく付き合ってみてほしい。

2013年11月26日
広江　克彦

目次

第1章　ミクロの世界の謎

1.1　知っていてほしい大事なこと

量子力学が誕生したのが1923年頃で、量子力学が完成したのがそれから5年以内の頃なのだから、もう100年近くも前のことだ。昔の人が何を考えて、どんな仮説を立てて、何に驚いて、どんなアイデアが失敗に終わったのか、そのようなことを説明してくれている本ならすでに沢山あるのでそちらに任せよう。大切なのは、現代の我々がミクロの世界について結局のところ何を理解したらいいかということだ。

ミクロの世界では我々の常識が通用しない法則が成り立っている、とはよく言われる話だ。しかし一体どこからがミクロの世界なのだろう？ 我々の常識が通用する世界と、通用しない世界の境い目はどこにあるというのだろう？ 実のところ、そんなものはない。この世の全てが我々の常識の通用しない法則で動いている。しかし多数の粒子の乱雑な動きに隠されてしまって我々にはそのような法則が見えなくなっているだけなのだ。我々は非常識な法則に従って動く多数の粒子の平均的な振る舞いを見て、それを常識だと信じてしまっている。

一般向けに書かれた解説書では、波がどんなものか、粒子がどんなものであるかが語られる。そして波の性質と粒子の性質とが共存できないものであることが強調される。しかしその後で、ミクロの世界では「物質は波であり粒子でもある」と解説される。ミクロの世界の不思議さを面白おかしく説明するためだ。もちろん、100年前の科学者たちはそのようなことで頭を悩ませた。しかしもうそれから100年も経っているのだ。現代の科学者たちはそのような古臭い問題と格闘してはいない。

ミクロの物質はある数学で表されたルールに従う「何か」である。そのルールでは、ときに波に似た性質が現れることもあり、ときに粒子に似た性質が現れることもある。それだけのことである。物質が実際に波であったり粒子であったりするわけではない。標語的に言えば『**物質は波でも粒子でもない**』のだ。

読者は量子力学が、ミクロの世界の全てを説明する理論だと思ってはいけない。量子力学が一応の完成を見てからすでに 100 年近くも経っているのである。量子力学はその後、素粒子の反応を説明するための「場の量子論」と呼ばれる理論へと発展している。この本で説明しようとしている量子力学というのは、そこへ繋がるまでの過渡的な理論に過ぎない。量子力学では素粒子の振る舞いまでは説明できない。

しかし素粒子の反応だけがミクロの世界の全てではない。原子の中での電子の振る舞い、分子の結合、金属の結晶の中で起きる様々な不思議な現象、半導体、超伝導、超流動、レーザー、量子コンピュータなど……。量子力学にはそのような幅広い応用が広がっているのである。

さて、世の中では「物質は粒子でもあるし波でもある」と言われるわけだが、物質が粒子的な性質を持つことを本格的に説明するのは、量子力学をさらに発展させた「場の量子論」の役目である。この本で扱うような量子力学の範囲では「世の中みんな波だらけ！」と言いながら踊りだしたくなるような世界観が強調されることになるだろう。この辺りについてはもう少し言っておかねばなるまい。実はミクロの世界での粒子性の例として語られる現象は、量子力学の範囲内で説明できてしまう話も多いのである。つまり波の性質だけを使って説明できてしまうものが意外と多いということである。

もう少し具体的に言っておこう。「電子はなぜ一定の質量を持った粒であるかのように観測されるのか」という話は「場の量子論」の範疇であり、この本の中では説明しない。一方、「原子の中にある電子はなぜ飛び飛びのエネルギーしか取れないのか」とか、「電子の角運動量はなぜ飛び飛びの値しか取れないのか」とかいう話は量子力学の範疇である。

光も物質も、粒子そのものではない。ただ粒子であるかのように振る舞うことのある何ものかである。同様に、波そのものでもない。ただ波であるかのように振る舞うことのある何ものかである。

古典の反対語は量子!?

「古典的（クラシック）」の対義語は何かと聞かれれば、もちろん「現代的（モダン）」と答えるのが普通であろう。ところが物理学者に同じ質問をすると大抵は「量子的」と答える。量子力学は物理の世界観を一変させた。それで量子力学登場以前の物理学をまとめて「古典物理学」と呼ぶようになったのである。「古典力学」と言えば、それは我々の日常で普通に成り立っているニュートン力学のことである。相対性理論も世の中を一変させたのだが、近頃ではすっかり古典物理学の仲間入りである。

1.2　光は波なのに粒々だった !?

電磁気学の基礎は 19 世紀の後半になってほぼ完成した。その真髄はマックスウェルの方程式と呼ばれる 4 つの方程式の組にまとめることができる。この 4 つを組み合わせると波動方程式と呼ばれる形になるのだが、これを解けば波の形の解が得られるのでそう呼ばれるのである。その波というのは電磁波のことであり、その速さが光の速さと同じであったことから光の正体は電磁波であるという強い証拠とされた。

と、この程度の解説しか書いてない本が多いのだが、速度が光と同じだというだけで同じものだと言い切ってしまったのであれば結論を急ぎすぎている。しかし少し考えればこれ以外にも証拠はいくらでもあって、電磁波と同様に光が横波であることや、物質を熱したときに出てくる放射（赤外線や可視光線、紫外線）や、高エネルギーの電子を物質にぶつけたときに発生するエックス線などの発生原理が電磁波として説明できることから光が電磁波だと結論できるのである。とにかく、速度が光と同じであったことはその中でも決定的な証拠であったのだ。

光の回折現象や屈折現象などの観察により光が波であることが昔から分かっていたので、電磁波の発見は光の正体を説明する大発見であった。

ところがだ。光がただの波だと考えたのでは説明のできない現象が発見された。金属に光を当てたとき、金属表面の電子が光に叩き出されて飛び出してくるのである。この現象は「**光電効果**」と呼ばれている。金属は言ってみれば電子の塊である。金属の表面に光沢があるのは、表面の電子が光の波の電場によって揺さぶられ、揺さぶられた電子が再び電磁波を発生するからであり、光の反射というのはそういうものである。このように、普通は金属に光を当てれば光が反射されるものだが、光を当てることで電子そのものがはじき出されてくる場合もあるのである。

この現象の不思議なところは、どんな光を当てても電子が飛び出してくるわけではないという点だ。必要な条件は振動数である。振動数の高い光でなければこの現象は起きない。いくら強い光を当てても無駄なのだ。金属の種類によってこの最低限必要な振動数は違っている。そして、その振動数以上の光であれば、光の強さに比例して飛び出してくる電子の数は増えるのである。

光が普通の波だと考えるなら、光の強さというのは波の振幅の激しさに相当する。強い光を当てればそれだけ波のエネルギーが強いので、電子はいくらでも飛び出してくるはずだ。しかし、現実はそうではない。これをどう考えたらいいのだろうか？

そこにアルバート・アインシュタインが登場する。彼がこれを見事に説明してのけたのだ。特殊相対論の発表と同じ年、1905年のことだった。彼がノーベル賞を取ったのはこの説明によってであって、相対性理論ではなかった。相対性理論は当時は科学者たちでさえ受け容れにくいもので、相対性理論を発表したことで逆にノーベル賞を危うくするところだったと言われている。

アインシュタインによる説明は簡単である。光は振動数に比例するエネルギーを持った粒のようなものであると考えた。ある振動数以上の光の粒は電子を叩き出すのに十分なエネルギーを持っているので金属にあたると電子が飛び出してくる。光の強さというのは電磁波の振幅の大きさではなく、光の粒の多さであると解釈する。エネルギーの低い粒がいくら多く当たっても電子を弾き出すことはできない。しかしあるレベルよりエネルギーが高ければ、光の粒の個数に比例した数の電子を叩き出すことができる。

この現象の他にも光がつぶつぶなものとして存在するのではないかという証拠は当時数多く出てきている。例えば、物を熱したときに光りだす現象がある。身の回りの物体は全て熱を持っており、普段からその温度に応じた光を放っているのだが、我々の日常の温度で出てくるのは赤外線がメインなのでそれが目に見えていないだけである。温度が高くなるにつれて高い振動数の電磁波が多く含まれるようになり、目に見えるようになるわけだ。熱せられた鉄や溶岩が赤く光るのもこれである。このようにして出てくる電磁波のことを放射と呼ぶ。

温度と放射の強さの関係を一つの数式で表すのは難しく、ずっとできないでいた。しかしマックス・プランクが光のエネルギーがつぶつぶであるという仮定をして見事に一つの数式にまとめ上げるのに成功した。これが 1900 年のことである。

先ほどから「つぶつぶなもの」という表現を使っているが、物理ではこれを「**量子**」と呼ぶ。そこには「一定の量を持った粒」という意味が込められている。しかし、これはとても大切なことなので覚えておいてほしいのだが、量子というのは粒子そのものであることを意味してはいない。あたかも粒子であるかのように、一定の量としてやりとりされるものであることを意味している。アインシュタインもプランクも「光が粒子である」とは断言していない。ただ「量子的だ」と表現したのである。それはつまり「一定の量ずつエネルギーをやりとりする存在」だという意味である。

現在では光子（フォトン）という言葉もあり、光の粒が空間を弾丸のように飛んで行くイメージで説明される場面もよくあるが、それはそのようなイメージで説明してもあまり不都合がないし、むしろそうした方が説明が楽になるからそうするのである。しかし光は必ずしもそのような「実際の粒」として飛んで行くものだとは言えない。それでも光を粒子だとみなすこのイメージはとても便利なので、不都合が起こらない限りは私も使って行くことにしよう。

とにかく、この他にも色々な実験により、光は振動数 ν に比例したエネルギー、

$$E = h\nu$$

を持つ「粒子的なもの」であることが確かになってきたのである。このときの比例定数 h を「**プランク定数**」と呼ぶ。

さて、光はエネルギーの他に運動量も持つ。そのことは電磁気学から導かれる。光は波だと考えられていたので、光の持つ運動量は空間に広がって分布するものとして表されていた。すなわち運動量密度 $\boldsymbol{w}$ という形で表現されていた。また、光の持つエネルギーも同様にエネルギー密度 u として表されていた。これらの間には $u = c|\boldsymbol{w}|$ という関係が成り立っている。この c というのは光速度のことである。この関係式も電磁気学の範囲で導き出される話だ。

しかし、光が粒としてやりとりされるということが分かってきたので、光の粒の一つが持つエネルギー E と運動量 $\boldsymbol{p}$ の関係は密度で表す必要がなくなり、

$$E = c\,|\boldsymbol{p}|$$

と表せることになった。運動量はベクトルで表される量であるから太字で $\boldsymbol{p}$ のように書いているが、$|\boldsymbol{p}|$ はそのベクトルの長さ、つまり絶対値を意味している。

1.3　ド・ブロイ波

光は波なのだから、振動数 ν と波長 λ と波の速度 c との間には

$$c = \nu\lambda$$

という関係がある。この波の速度 c というのはもちろん光速度のことである。

ここまでに出てきた関係式を組み合わせることで、次のような変形ができる。

$$|\boldsymbol{p}| \ = \ E/c \ = \ h\nu/c \ = \ h/\lambda$$

光の粒のエネルギーは振動数に比例し、光の粒の持つ運動量は波長に反比例するということになる。別にこれは深遠な真理だというわけでもない。波の振動数と波長は反比例するものだし、光の粒のエネルギーと運動量は比例するというのだから、これは当たり前の話だ。当たり前ではあるが重

要な結果なので並べて書いてみよう。

アインシュタイン - ド・ブロイの関係式

$$
\begin{aligned}
E &= h\nu \\
|\boldsymbol{p}| &= h/\lambda
\end{aligned}
$$

これらは粒子性の特徴である「エネルギー E、運動量 $\boldsymbol{p}$」と、波動性の特徴である「振動数 ν、波長 λ」を結ぶ関係式であるという見方ができる。

それで、この関係を光だけでなく物質にも当てはめてみようと考えるのは自然な成り行きであろう。光は電磁気学では波として説明されたのに、粒のようにやり取りされる性質を持つということは、粒として存在している物質にも実は波としての性質があるのではないか、というのである。私はこういう類推、こういう発想はとても好きである。これはフランスの名門貴族で物理学者でもあるルイ・ド・ブロイが提案したので「**ド・ブロイ波**」とか、あるいは「**物質波**」とか呼ばれている。

当時としてはそんな波に何の意味があるのだと思える考えだったかも知れない。ところが、ド・ブロイの提案から数年後、それまで粒子だと信じて疑わなかった電子が波としての性質を持つことを認めざるを得ない実験結果が発表され始めた。「G.P. トムソンの実験」や「デヴィソンとガーマーの実験」と呼ばれるものが有名である。金属結晶に照射した電子が、ある方向にだけ強められて散乱されるのを確認したのだ。これは波が干渉してある条件を満たす角度にだけ強く跳ね返る様子に非常に似ている。これはド・ブロイが予言した波と同じ波長の波を考えれば説明ができるのだった。

同様の現象はエックス線でも起こり、その場合には「ブラッグ反射」と呼ばれる。原理は全く同じである。

金属結晶というのは原子の並びが層状に積み重なったものだと見ることができる。その表面に並んだ層と二番目に並んだ層の間隔 d と、入射する波の波長 λ が同じくらいになっていると、この現象が見られる。具体的には次のような条件を満たす場合にだけ強く反射が見られ、そうでない場合にはほとんど反射されないのである。

$$2d\sin\theta \;=\; n\lambda \quad (n \text{ は整数})$$

表層で反射された波と、表層を通り抜けて二番目の層で反射された波とでは、再び合流するまでに進む距離に $2d\sin\theta$ だけの差が出ることになる。その距離がちょうど波長の整数倍ならば波の位相が一致して元と同じ強さに戻って出て行けるが、そうでなければ位相がズレて、再び合流したときに弱め合う結果となるのである。

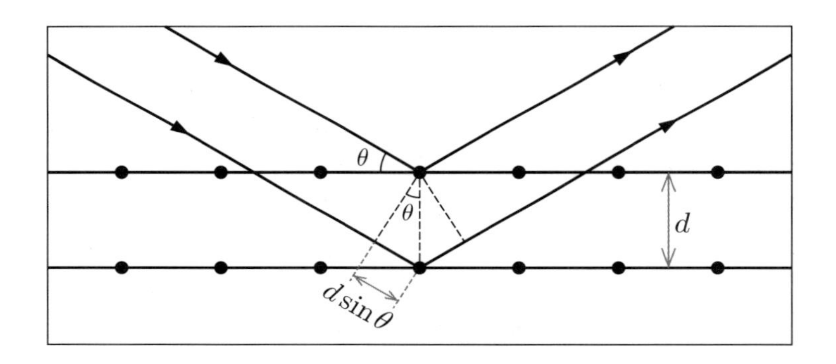

今は例として第一層と第二層だけを考えたが、さらに深い層まで入って反射した波についても同じことが起こる。それで上の条件が満たされていれば強い反射が起こるというわけだ。

ああ、申し訳ない。今の説明には少し誤解を誘う部分があった。「G.P. トムソンの実験」の方には今の説明が当てはまるのだが、「デヴィソンとガーマーの実験」の方はニッケルの単結晶の結晶面に向かって垂直に電子を照射する実験なので、説明図と条件式に少し違いがある。条件式は次の通りである。

$$d\sin\theta \;=\; n\lambda \quad (n \text{ は整数})$$

こちらには2がついていない。この角度 θ の意味も d の意味も先ほどとは違っていて、次の図のような状況である。

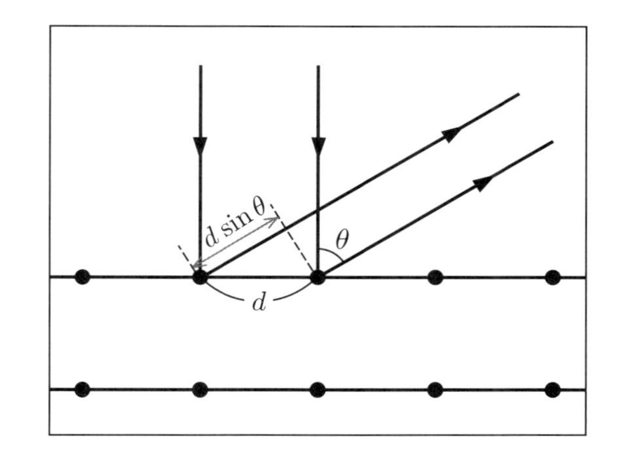

先ほどは、それぞれ結晶の第 1 層と第 2 層とで跳ね返る場合に波の進む距離に違いがあることを問題にしていたが、この実験では、ある原子に当たって跳ね返る場合と、その隣の原子に当たって跳ね返る場合とで波の進む距離に $d\sin\theta$ だけの違いがあることが問題になっている。こちらの d は層間の距離ではなく、隣の原子との距離を意味している。このように多少の違いはあるものの、とてもよく似た原理で起こる現象だと言えるだろう。

この説明図を見ると真上から来た電子は真上に跳ね返るだけではないのかと不思議に思うかも知れないが、実際その通りで、ほとんどの電子は真上に跳ね返り、ほんの僅かな電子だけがあらぬ方向に飛び散る。角度が大きいほど、その数は減る傾向があるわけだ。ところが先ほどの条件に当てはまる方向付近にだけはその数が少し増えるのである。

どちらの実験も同じ頃に行われ、どちらも同時にノーベル賞を受賞している。ちなみに G. P. トムソンというのは、電子を発見したことでノーベル賞をもらった J. J. トムソンの息子であり、親子でノーベル賞をもらう結果になったわけだ。

それで結局、ド・ブロイ波の正体は何なのだろうか？ ある人はド・ブロイ波は物質を運ぶ波である、と考えた。物質粒子はド・ブロイ波に「波乗り」をして運ばれるのではないかという考えだ。これを「**パイロット波仮説**」と呼ぶ。パイロットというのは「水先案内人」という意味である。それに対して、物質そのものがド・ブロイ波なのだ、という人もいた。しかしどちらも言うだけなら簡単だが、そのモデルでうまく計算ができることを示さなければならない。

ド・ブロイ波は光の粒子性と波動性の関係から類推されたものであった。光の場合には、波動性の部分は電磁波として完全に説明される。するとド・ブロイ波の正体も電磁波かそれに非常に関わりのある何かではないかと考えたいところである。しかしながら、そう単純には言うことができない。問題はド・ブロイ波の速度である。周波数と波長を掛け合わせれば波の速度が求められるのだが、ド・ブロイ波の速度は光の速度にはならない。つまり、光の速度で進む「電磁波」と同じものとは考えられないのである。

ド・ブロイ波の速度はどれくらいだろうか？ 質量 m の粒子が速度 v で進むとき、運動エネルギーは $\frac{1}{2}mv^2$ であるし、運動量は mv である。すると振動数については $E = h\nu = \frac{1}{2}mv^2$ という関係式を作ることにより、$\nu = \frac{mv^2}{2h}$ であることが分かるし、波長については $|\boldsymbol{p}| = h/\lambda = mv$ という関係式を作ることにより、$\lambda = h/(mv)$ であることが分かる。波長と振動数を掛ければ波の速度になるわけで、ド・ブロイ波の速度は

$$\nu\lambda \;=\; \frac{mv^2}{2h}\cdot\frac{h}{mv} \;=\; \frac{v}{2}$$

であることが分かる。これは粒子の速度 v のちょうど半分だ。物質を運ぶ波にしては粒子について行けてないし、もし物質そのものを表わすのだとしたらその速度は物質の速度と一致しているべきではなかろうか。このように、等速直線運動する粒子という最も単純な状況で考えてすら、どこかおかしい。

しかし、まだ逃げ道はある。波には「うなり」と呼ばれる現象があるのだった。振動数の違う二つ以上の波が合わさったとき、波は「うなり」を生じる。

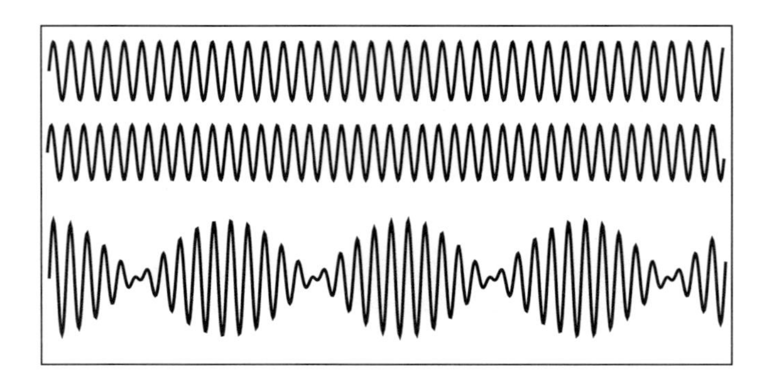

真空中を進む光や、空気中を進む音の場合には「うなり」も波と同じ速度で進む。しかし物質中を進む光や、物質中を進む振動の場合には状況が異なる。振動数の違いによって波の伝わる速度がわずかに異なるという現象が起こるのである。その結果として「うなり」は重ね合わせるそれぞれの波とは全く異なった速度で進むように見えることがある。この「うなり」の進む速度は「**群速度**」と呼ばれている。

先ほどの計算でも分かるように、ド・ブロイ波の速度は振動数によって違っているようだし、ひょっとすると、物質というのはド・ブロイ波の重ね合わせで出来た「うなり」が進む現象として説明できるのではないだろうか。

その通り！この説明はうまく行くのだ。実際、ド・ブロイ波の群速度は物質の速度と全く同じになることが計算できる！ド・ブロイが発表した論文に書かれている内容はそのようなことなのである。

さあ、この結果はなかなか感動的だ。だから、群速度というのが具体的にどんなもので、どういう計算をすれば今話した結果が導かれるのかという、少々長い説明をここに入れておきたい気もしてくる。しかしこれをあまり熱心に説明すると、この考え方こそが物質粒子の正体に迫る正しい道なのだと読者に期待させてしまいかねない。実は、残念ながらこのイメージは粒子が等速直線運動をしているようなかなり単純な場合にしかうまく当てはまらず、このままの形ではこれ以上の発展ができなかったのである。

科学史上の失敗についてじっくり考えることも大切だが、今の私は先を急いで、量子力学の本質に関わるもっと大事な話をさっさと終わらせてしまいたいと考えている。この辺りはまだ量子力学を理解するために必須の知識だというわけではないのである。こんなところで長々と時間を費やして読者を疲れさせるべきではないだろう。群速度のことが気になる読者のために巻末の付録 A に「位相速度と群速度」という見出しでまとめておいたので、あまり無理せず、暇なときに読んでもらえればと思う。ド・ブロイの考察は結局はうまく行かなかったが、量子力学へと繋がる重要なヒントを与えてくれたのだった。

ド・ブロイのイメージの弱点をもう少し話しておこう。もし物質の正体が、速度の微妙に異なるド・ブロイ波が重ね合わされることによって生じる「うなり」だとしたなら、いずれ二つの波はすれ違って離れてしまい、重ね合わせは消滅してしまわないだろうか？ かと言って、無限の長さの波を考えていたのでは、「うなり」は無限に続くことになり、粒子はどこにでも同じように存在してしまうことになる。では、二つきりの波を考えるのではなく、幾つもの波を重ね合わせることにすればどうだろう？ そうすることで、ある場所にだけ「こぶ」のような形になる波を作ることができる。このようなひとかたまりになった波を「**波束**」と呼ぶ。しかし悲しいかな、速度の異なる波を重ね合わせて作っているがゆえに、これもいずれ形が崩れて行ってしまうのである。「**波束の崩壊**」と呼ばれる問題である。物質というのは長時間に渡って安定して存在し続けるものだが、その性質を再現することはできそうにない。

私の説明の微妙な嘘

私の説明は史実とは微妙に異なるので、時々こうして反省を入れずにはいられない。ここまで「アインシュタイン-ド・ブロイの関係式」という荒唐無稽な思い付きの方が最初にあったかのように話してきた。しかしド・ブロイは、ド・ブロイ波の群速度が物質粒子と同じ速度になるように調整しようとすれば、その結果として「アインシュタイン-ド・ブロイの関係式」が得られる、と主張したのである。順番が逆だ。しかしそのような説明をすると、なぜわざわざ群速度なるものを持ち出してそれが物質粒子の速度と同じになるようにしようと考えるに至ったのか、その必然性がうまく伝わらない気がしたのだった。

1.4　シュレーディンガー方程式

物質の正体を説明することまではできなかったが、ド・ブロイ波らしきものが存在することは実験で確認され始めた。そうなると単なる面白い思い付きだと笑ってはいられなくなる。それは一体どんな形をした波なのだろうということを真剣に考えざるを得ない。ある運動量を持つ物質のド・ブロイ波の波長はいくつだろうか、とか、あるエネルギーのときは振動数がいくつだというくらいの単純な計算では満足していられない。一体どんな条件の波が存在してどのように伝わっていくのだろうか？

説明を簡単にするために、ここからしばらくは物質の移動方向を一方向だけに限定して考えよう。先ほどまでは運動量の大きさを $|\boldsymbol{p}|$ のように表していたが、一方向を考えるだけならベクトルを使う必要がないので太字ではない p で表すことにする。

これまでに得ているヒントは「物質のエネルギーと運動量」と「ド・ブロイ波の振動数と波長」との間に次の関係があるということ。

$$E = h\nu$$

$$p = h/\lambda$$

そして、古典力学では物質のエネルギーと運動量の間には次の関係があるということ。

$$E = \frac{p^2}{2m}$$

これは高校生には $E = \frac{1}{2}mv^2$ という形式でよく知られている運動エネルギーの公式を、エネルギーと運動量の関係式になるように変形しただけのものである。もし運動エネルギーの他に位置エネルギー $V(x)$ まで考慮したければ、それを加えて、

$$E = \frac{p^2}{2m} + V(x)$$

と書いてやればいい。

これらの条件を頼りにしてド・ブロイ波の形を求める方程式を作ってやることができるのだ。これからその方法を説明しよう。思わず「そんなのありかよ！」と叫んでしまうかもしれないような方法だ。

まず、振動数 ν、波長 λ の波動は、人によって慣れた形式は少々違うかも知れないが、

$$\psi(x,t) = A\cos\left[2\pi\left(\frac{x}{\lambda} - \nu t\right)\right]$$

という式で表現できる。高校物理でも出てくるような式である。これは x 軸の正の方向に進む波動を表している。ここでちょっと代入をしてやって、λ と ν の代わりに p と E を使うことにしてやれば、

$$\psi(x,t) = A\cos\left[2\pi\left(\frac{px}{h} - \frac{Et}{h}\right)\right]$$

と書き直せる。さて、こいつと $E = \frac{p^2}{2m} + V$ の関係式とを組み合わせたいのだが、そのために上の式の中から p だけ、あるいは E だけを取り出すことをしたい。偏微分を使えばそれができるのである。

偏微分というのは $\psi(x,t)$ のように変数が二つ以上含まれる関数を、そのうちのどれか一つの変数だけで微分することである。他の変数は定数のように見なして計算してやればいい。

関数 ψ を x で偏微分すれば p が cos 関数の外に出てくるし、t で偏微分すれば E が出てくる。係数も一緒に出てきてしまうのだが、それは後で割ってやれば消える。どういうことか、実際にやってみることにしよう。

関数 ψ を x で偏微分してやると、

$$\frac{\partial \psi}{\partial x} \;=\; -\frac{2\pi}{h} pA \sin\left[2\pi\left(\frac{px}{h} - \frac{Et}{h}\right)\right]$$

となる。この左辺の記号が偏微分の記号である。高校の数学で習う微分の記号に似ているが、少しだけ違っている。今日初めて偏微分というものを聞いたという読者は、こんな風に偏微分のためにわざわざ普通の微分とは別の記号を用意しなくてもいいのではないかと思うかも知れない。しかしちゃんと区別して書いておかないと全く別の意味になってしまう場面が出てくるのである。それについてもきちんと話しておきたい気がするが、今はそんな心配は要らないのでこのまま話を進めることにしよう。

cos 関数だったものが sin 関数に変わってしまうという副作用があるが、中に入っていた p を外に出してくることができた。係数が邪魔なのであらかじめ掛けておけばもっとすっきりする。

$$-\frac{h}{2\pi}\frac{\partial \psi}{\partial x} \;=\; pA \sin\left[2\pi\left(\frac{px}{h} - \frac{Et}{h}\right)\right]$$

しかし、もっとすっきりした形で書き表したいのだ。cos 関数が sin 関数に変わりさえしなければ、右辺も ψ を使って表せるのだが……。

そう言えば、微分しても形の変わらない関数があった。それは「指数関数」である。もし cos 関数の代わりに指数関数を使えたら……。ここで数学のトリックを使う。「**オイラーの公式**」という大変便利な公式があるのだ。それは、

$$e^{i\theta} \;=\; \cos\theta \;+\; i\sin\theta$$

というもので、複素関数論を学べばすぐに出てくる公式である。i は 2 乗すると -1 になる虚数を意味している。ここでもし、先ほどの波の式の代わりに

$$\psi \ = \ A\,e^{\frac{2\pi i}{h}(px-Et)}$$

というものを採用すれば、これはオイラーの公式により

$$\psi \ = \ A\cos\left[2\pi\left(\frac{px}{h}-\frac{Et}{h}\right)\right] \ + \ iA\sin\left[2\pi\left(\frac{px}{h}-\frac{Et}{h}\right)\right]$$

ということであって、虚数部分がおまけに付いてきたことを除けばさっきまでの関数と同じである。虚数部分の sin 関数が邪魔だが、虚数部分はとりあえず無視してやることにしよう。そんなことをしてもいいのかと気になるかも知れないが、そこを考えるのは後回しだ。まずは生まれ変わった指数形式の波動関数 ψ を偏微分してみよう。すると、

$$\begin{aligned}\frac{\partial\psi}{\partial x} \ &= \ \frac{2\pi i}{h}\,p\,A\,e^{\frac{2\pi i}{h}(px-Et)} \\ &= \ \frac{2\pi i}{h}\,p\,\psi\end{aligned}$$

と書ける。右辺の係数が邪魔に見えるのであらかじめ割っておけば、

$$-i\,\frac{h}{2\pi}\,\frac{\partial\psi}{\partial x} \ = \ p\,\psi$$

とすっきりした形になった。

ところで、ここまでの変形を見ると、いつも h と 2π が一緒に現れていることに気付くだろう。毎回これらを分数の形式で書かなければならないのは非常に面倒臭いし、式も分かりにくくなるというので、次のような記号を定義することにする。

$$\hbar \ \equiv \ \frac{h}{2\pi}$$

この $\hbar$ は「**エイチ・バー**」と呼ばれている。h に横棒を付けたものだからだ。この値を「**ディラック定数**」と呼ぶ人もいる。これを使えば、先ほどの式はさらに簡単に、

$$-i\hbar\,\frac{\partial\psi}{\partial x} \ = \ p\,\psi$$

と表せるようになる。

　同じことを E についてもやりたければ x の代わりに t で偏微分して計算することで、

$$i\hbar \frac{\partial \psi}{\partial t} \;=\; E\psi$$

という関係を得ることができる。

　つまり、波動関数 $\psi(x,t)$ を x で偏微分して $-i\hbar$ をかけてやれば運動量 p がいつでも式の中から飛び出してくるし、t で偏微分して $i\hbar$ をかけてやればエネルギー E の値がいつでも式の中から取り出せるというわけである。しかも関数 ψ の中身の形を変えずに！

　このことを利用して古典力学の関係式 $E = \frac{p^2}{2m} + V$ に当てはめてみよう。この両辺に ψ を掛けると次のようになる。

$$E\psi \;=\; \frac{p^2}{2m}\psi \;+\; V\psi$$

　これに上の関係式を代入してやればいい。p^2 の部分をどうしたらいいかと困るかも知れないが、ψ から p^2 を取り出すには ψ を x で偏微分することを2回連続して行い、$-i\hbar$ を2回かけてやればいい。

$$(-i\hbar)^2 \frac{\partial^2 \psi}{\partial x^2} \;=\; p^2\,\psi$$

　そのようにして作ったのが次の式だ。

1次元のシュレーディンガー方程式

$$i\hbar \frac{\partial \psi}{\partial t} \;=\; -\frac{\hbar^2}{2m}\frac{\partial^2 \psi}{\partial x^2} \;+\; V\psi$$

　これは「古典力学の関係を満たす運動量とエネルギーの組を同時に取り出すことのできる波動関数 ψ はどのような形のものか」という意味の方程式になっている。

　歴史的にはド・ブロイ波の存在が実験で確かめられる以前にシュレーディンガー方程式が発表されている。やはり世の名声を勝ち取るためには時代を先取りしないとダメだということなのだろう。

本当のところを言うと、シュレーディンガーはここで説明したような理屈でこの方程式を導いたのではなかった。解析力学という分野に出てくる式を元にして導き出したことになっている。解析力学というのは数学のテクニックを駆使してニュートン力学をまとめ直したものであり、複雑な問題にも対処できる代わりに抽象的な概念があれこれ登場するのである。シュレーディンガーがこの方程式を導き出した最初の論文では、そのような抽象的な概念を使っていることに加えて、さらに独自の奇妙な細工を施してあるために、どうにも難解なものとなっている。その内容を現代の観点から解釈してやることはできるのだが、本当に最初からそのような考えで作ったのか疑わしいほどに考え方が飛躍している部分がある。しかし彼の論文からは、他人にはよく理解できない独自の思想のようなものが窺えもする。新しいアイデアというものは理路整然とはしておらず、試行錯誤の混沌の中から生まれるものだとも言えるかも知れない。

これは私の考えだが、ひょっとすると、当時はまだド・ブロイのアイデアは怪しいものだと思われていたので、すでに正統な学問として広く受け入れられていた解析力学の式を経由することで理論の信憑性を高めるという戦略を取ったのかも知れない。それ以降のシュレーディンガーの論文ではド・ブロイ波のイメージを前面に押し出し始めているのでド・ブロイのアイデアが彼を励ましたことは間違いないだろう。

ところで、先ほどの方程式を導く説明の途中から「**波動関数**」という言葉を使い始めているのに気付いたかも知れない。専門用語のような響きがあるが、この単語自体にはそれほど深い意味はない。波の形を数式で表した関数のことを波動関数と呼ぶのである。これは量子力学に限ったことではなくて、空気中を伝わる音波を表す式であっても、電磁波を表す式であっても、波動関数と呼んで差し支えない。ところがこの単語は量子力学で特に頻繁に使われるようになっているので、何の前置きもなく「波動関数」と言った場合、それはほとんどの場合シュレーディンガー方程式の解である関数のことを意味していると考えて間違いないといった状況になっている。実は私自身も、量子力学以外の本の中で波動関数という語が使われているのを目にすると、まるで量子力学の話をされているような違和感を覚えたりするほどである。

先ほどの導出過程について少し補足しておこう。波を指数関数で表すことに慣れていない読者は、最初は実数で表していた波動関数に虚数を取り入れた部分をかなり怪しく思うことだろう。そのような思いを軽減するために簡単な確認をしておくことにしよう。

先ほども計算したように、cos 関数を使った波動関数 ψ を偏微分すると、

$$-\frac{2\pi}{h}\,p\,A\sin\left[2\pi\left(\frac{px}{h}-\frac{Et}{h}\right)\right]$$

のように sin 関数に変わるのだった。一方、$Ae^{\frac{2\pi i}{h}(px-Et)}$ を x で偏微分してやった結果は、

$$\frac{2\pi i}{h}\,p\,A\,e^{\frac{2\pi i}{h}(px-Et)}$$

となるが、これはオイラーの公式を使って書き直せば、

$$\frac{2\pi i}{h}\,p\,A\left\{\cos\left[2\pi\left(\frac{px}{h}-\frac{Et}{h}\right)\right]\;+\;i\sin\left[2\pi\left(\frac{px}{h}-\frac{Et}{h}\right)\right]\right\}$$

ということである。係数として飛び出してきた虚数 i を括弧の中にかけてやれば

$$\frac{2\pi}{h}\,p\,A\left\{\,i\cos\left[2\pi\left(\frac{px}{h}-\frac{Et}{h}\right)\right]\;-\;\sin\left[2\pi\left(\frac{px}{h}-\frac{Et}{h}\right)\right]\right\}$$

となって、第2項の方が実数になっている。つまり実数部分だけを見るようにしていればこちらも sin 関数に変化しており、微分した結果は全く同じであることが分かる。

このように、虚数部分はおまけのように付いているように見えて、実は微分計算をしたときに実数の三角関数の微分と結果が同じになるように助けてくれている、という見方もできる。指数形式で表した波の実数部分だけを見ていれば、実数だけで計算したときと同じなのである。三角関数の代わりにわざわざ虚数を導入してまで指数関数を用いるのは、微分しても関数の形が変わらないので計算が楽だという利点のためであると言えるだろう。

実際、色んな分野でこの利点を利用した実用的計算が行われている。波の計算をするときに指数関数で表しておいて、最終的に得られた結果の実

数部分だけを見るようにするのである。

こういう説明を聞かされると、波動関数に虚数が出てくるのは何か理解できない深い意味があると考えるより、単に数学を使った計算テクニックの結果だという気もしてくる。ところが量子力学の場合どうやらそうではなく、複素数として出てくる解にこそ本質的に意味があるらしいのだ。

シュレーディンガー方程式を作ったときの意味に従うのなら指数形式で表された解のみが許されるべきであって、さらにその実数部分のみがド・ブロイ波としての意味を持つはずである。しかし指数形式の解（単純な基本波）のみを認めるという制限をつけると、全く当たり前すぎて面白みのない解しか出てこないことになってしまう。それどころか、条件に合わないために解けないことの方が断然多くなってしまうのだ。そんな応用に使えないようなことではシュレーディンガー方程式がこれほど有名になることもなかったであろう。

そこで元の意味を離れて指数形式以外の解も解として認めることにしたのであるが、その結果、何とも解釈の難しい複素数で表された解があれこれと出てきてしまうことになってしまった。

では、適用範囲を広げて求められたこの複素数の解はどうやって解釈したらいいのだろう？ 虚数部分は一体何を表すのだろう？ 不思議なことに、求められた波動関数の複素数値の絶対値の 2 乗が粒子の存在確率を表すと考えると計算結果が事実と合うのである。素直に認めるべきか、うまく行く理由を考え直すべきなのか……。多分これが、シュレーディンガー方程式が発表された当時の人々の反応だったのではなかろうか。

確率解釈

波動関数の絶対値を 2 乗したものが粒子の存在確率を表す

正直なところ、これはもう受け入れるしかない部分だ。この世界がなぜか複素数を使った論理を自然法則として採用しているようなのである。どうせ受け入れろと言うなら最初から指数形式で表した複素数の波を使って説明した方が話はずっと簡単に済んだのかも知れない。しかしそれではいかにも唐突過ぎて不親切ではないか。

私は初めて量子力学を学ぶ人が抱く「自然現象に複素数が出てくることに対する拒絶感」というものを知っている。かつての私がそうだったし、それを克服するのにとても時間がかかった。あまりカッコ良くない説明であることは分かっているが、拒絶感を少しでも和らげるため、どうしてもこのような説明の仕方をせずにはいられなかった。

量子力学というのはシュレーディンガー方程式を解くことがほとんど全てである。これを実際に解くためには位置エネルギー $V(x)$ として具体的な形の関数を指定してやる必要がある。この関数の形によって、非常に楽に解けたり、ほとんど無理だと思える難しさになったりする。解いてみると予想しなかったような結果が得られることがあるので、その解釈に困ったりもする。それで、慣れるまでの間は案内人が必要になるわけだ。

ハイゼンベルクの行列力学

ここまで全く触れなかったが、量子力学の発展にはもう一つの流れがあった。ハイゼンベルクの提案した行列力学というものである。

19 世紀末頃から様々な真空放電の実験が行われており、その放電の光をプリズムで分けたときの色の強さの分布を詳しく調べることが行われていた。これを「分光学」と呼ぶ。真空放電とは言っても完全な真空なのではなく、ガラス管の中にわずかな気体を入れて高電圧を掛ける。その気体物質の違いによって特徴的な光の筋が幾つも見られるのである。この観察によって原子内部のエネルギー状態についてかなり多くのことが分かっていた。

ハイゼンベルクは波動関数のような直接の観測にかからないものを理論に導入することを嫌い、この分光学的な観測結果を説明できることを目標に理論を作り上げて行ったのである。しかしその計算にはとても難解な手順が必要であり、大変説明しにくいものである。やがてこの理論はシュレーディンガーの理論と同等であることがシュレーディンガーによって示されたのだった。

1.5　変数分離法

シュレーディンガー方程式は微分方程式である。微分方程式を解くためには決まり切った方法なんかはなくて、方程式の形に応じてやり方を変えないといけない。あまりに多くの解き方があるので、この本ではそれら全てについて説明している余裕はない。一冊まるごと微分方程式の解き方について説明した本が出ているので、詳しくなりたければそういうもので学ぶ必要がある。また、紙の上の計算ではとうてい解けないようなものも多い。そういうものはコンピュータを使って解くのである。

しかしシュレーディンガー方程式については、まず最初に必ずやっておくべき計算手順が存在している。「変数分離法」と呼ばれるものである。まだ量子力学について右も左も分からないうちから、どうしてこのような技術的なことを学ばせられなければならないのだろうと思うかも知れない。計算技術なんかよりも、本質を手っ取り早く知りたいという気持ちも分かる。しかし、最初にこれくらいは知っておかないと話にならないのだ。決して無駄にはならないので、是非とも身に付けてもらいたい。

先ほど導いた「1次元のシュレーディンガー方程式」を使って説明しよう。

$$i\hbar \frac{\partial \psi}{\partial t} \;=\; -\frac{\hbar^2}{2m}\frac{\partial^2 \psi}{\partial x^2} \;+\; V(x)\,\psi$$

$V(x)$ の部分には具体的な位置エネルギーの形を入れて解くことになるわけだが、今回の説明ではまだそれを指定する必要はない。ただし位置エネルギーの形は時間が経過しても変化しないことにしておく。変化する場合を考えると難易度がぐっと上がってしまうのである。そういうわけで、ここでは $V(x,t)$ ではなく、$V(x)$ と書いてある。

波動関数 $\psi(x,t)$ が座標 x に依存する部分と時間 t に依存する部分の積で表せるとしよう。

$$\psi(x,t) \;=\; f(x)\;g(t)$$

うまい具合にこんな形になっていなかったらどうするんだと思うかもしれない。みんな初めはそんな心配をするものだ。もちろんこの形で表せない解もあるだろうが、そういう解はここでは見捨てることにする。微分方程式を解くときにはよくあることだ。

その見捨てられた解の中に重要な意味を持つものが含まれていたらどうするのかって？ なかなかしつこいな。そういうものがあればとにかく工夫して探すしかない。本当に必要なら誰かがもう見つけていることだろう。それがないと説明できないような現象が見つかっているならなおさらだ。

ここではひとまず上のような形になっている「**変数分離解**」を探すことに専念する。そのためにこれをシュレーディンガー方程式に代入してやる。

$$i\hbar \frac{\partial (fg)}{\partial t} \;=\; -\frac{\hbar^2}{2m}\frac{\partial^2 (fg)}{\partial x^2} \;+\; V(x)\,fg$$

t で偏微分するところでは $f(x)$ は t を含まないのでただの定数みたいなものだし、x で偏微分するところでは $g(t)$ は x を含まないのでただの定数みたいなものである。それで、この式は次のようになる。

$$i\hbar\, f\,\frac{\partial g}{\partial t} \;=\; -\frac{\hbar^2}{2m}\,g\,\frac{\partial^2 f}{\partial x^2} \;+\; V(x)\,fg$$

この両辺を $f\,g$ で割ってやれば、

$$i\hbar\,\frac{1}{g}\,\frac{\partial g}{\partial t} \;=\; -\frac{\hbar^2}{2m}\,\frac{1}{f}\,\frac{\partial^2 f}{\partial x^2} \;+\; V(x)$$

となり、面白いことに左辺には x が含まれず t のみに関する式になっており、右辺には t が含まれず x のみに関する式になっている。

それらが等号で結ばれているのだから、両辺とも x にも t にも依存しないある値に等しいに違いない。その定数を E と表すと、

$$i\hbar\,\frac{1}{g}\,\frac{\partial g}{\partial t} = E \quad , \quad -\frac{\hbar^2}{2m}\,\frac{1}{f}\,\frac{\partial^2 f}{\partial x^2} + V(x) = E$$

という二つの式に分離することができる。これらの式を整理してやると、

$$\begin{aligned} i\hbar\,\frac{\partial g}{\partial t} \;&=\; E\,g(t) \\ -\frac{\hbar^2}{2m}\,\frac{\partial^2 f}{\partial x^2} \;&=\; \Big[E - V(x)\Big]\,f(x) \end{aligned}$$

という、以前よりはるかに解きやすそうな形になっているだろう。どちらの式も考えるべき変数が一つだからだ。これで変数分離は完了である。

ここで導入した定数 E の意味は何だろうか。これがポテンシャルエネルギー $V(x)$ と同じ次元の量であることは式を観察すればすぐに分かる。よって E は系のエネルギーを表すと考えておけばいいのではなかろうか。

このことは 1 番目の式

$$i\hbar \frac{\partial g}{\partial t} \;=\; E\, g(t)$$

を解いてみればもっとはっきりする。いかにも簡単そうな形であり、実際すぐ解ける。

$$\begin{aligned} g(t) \;&=\; A\, e^{-i \frac{E}{\hbar} t} \\ &=\; A \left(\cos \frac{E}{\hbar} t \;-\; i\; \sin \frac{E}{\hbar} t \right) \end{aligned}$$

この解が振動解であることが初心者にもイメージしやすいように、わざわざオイラーの公式を使って三角関数にまで直してみた。ところで高校物理の波のところでやったと思うが、三角関数で波を表すときには $E/\hbar$ の部分は角振動数 ω の意味を持つ。すなわち、

$$E \;=\; \hbar\omega$$

だということだ。これを見覚えのある形に変形してやれば、

$$E \;=\; \hbar\omega \;=\; \frac{h}{2\pi}\, 2\pi\nu \;=\; h\nu$$

である。前に出てきた粒子性と波動性を結ぶ式だ。ド・ブロイ波の振動数にプランク定数を掛けたものが、その粒子のエネルギーを表しているのだった。やはり、ここで導入した定数 E を系のエネルギーと解釈するのは正しいようだ。振動解を上のような $\hbar$ やら E やらを使った形式で表すとごちゃごちゃして見にくいので、

$$g(t) \;=\; A\, e^{-i\omega t}$$

と書き表すことが多い。エネルギーが高いほど ω が大きく、位相の変化が激しいことを表している。そう言えば、自分が量子力学を学び始めた頃には「位相の変化」と言われても何のことやらさっぱり分からなかったなぁ。これについては後でもっと詳しく話すことにしよう。具体例を見ていくう

ちに分かるようになるだろう。第2章の終わりか、第3章の終わり頃までには何となくイメージがつかめるようになっていると思う。

次に2番目の式に目を移そう。これは「**時間に依存しないシュレーディンガー方程式**」と呼ばれている。式の中に時間的な要素が一切含まれていないからだ。大事な式なので後で探しやすいように丸囲みしておこう。

時間に依存しない1次元のシュレーディンガー方程式

$$-\frac{\hbar^2}{2m}\frac{\partial^2 f}{\partial x^2} = \Big[E - V(x)\Big]\, f(x)$$

これをここで解くことはしない。$V(x)$ を具体的に決めない限りは解けないからである。具体的な例について解くことはもう少し後でやるつもりなので、今回は一般論を軽く説明するだけにしておこう。

微分方程式には面白い性質を持つものが多く、例えば、エネルギー E がある値のときだけその値に応じた解 $f(x)$ を持つが、E がそれ以外の値のときには解を持たないというものがある。高校までで扱うような方程式とは一風変わった振る舞いである。

例えば、解が存在することが許されたエネルギーの値が $E_1, E_2, \cdots$ のように幾つかあったとして、それぞれの値に対応して存在する解をそれぞれ $f_1(x), f_2(x), \cdots$ と表すとしよう。

この特別なエネルギーの値 E_n を「**エネルギー固有値**」と呼び、そのときの解 $f_n(x)$ をその固有値に属する「**固有関数**」と呼ぶ。エネルギー固有値は飛び飛びのこともあれば、連続のこともある。それはポテンシャル $V(x)$ の形次第だ。

ここでの $f_n(x)$ は「時間に依存しないシュレーディンガー方程式」の解のことを言っているのであって、これはこのままでは元の「時間を含む」方程式の解にはなっていない。「時間を含む」方程式の解にするためには、$f_n(x)$ に時間に依存する部分である $g(t)$ を繋げてやる必要がある。そのときに、$g(t)$ の方も、$f_n(x)$ で許されたのと同じ E_n の値を使うわけだから次のようになる。

$$\begin{aligned}\psi_n(x,t) &= f(x)\,g(t) \\ &= f_n(x)\ e^{-i\frac{E_n}{\hbar}t}\end{aligned}$$

これが「時間を含む」方程式の正式な解となる。このような解は複数、多ければ無限にでもある。許された固有エネルギー E_n が存在するのと同じ数だけ解が求まるのである。$\psi(x,t)$ ではなく $\psi_n(x,t)$ としてあるのは解は一つきりではないというニュアンスである。そのいずれも「時間を含む」シュレーディンガー方程式の解である。もう少し簡素に見えるように

$$\psi_n(x,t) = f_n(x)\ e^{-i\,\omega_n\,t}$$

と書くこともあるが、こういう書き方にも慣れてもらいたい。

1.6　重ね合わせの原理

ところで、微分するという操作には線形性がある。線形性というのを正確に説明するのは面倒くさいが、式で書けばこういうことだ。

$$\begin{aligned}\frac{\mathrm{d}}{\mathrm{d}x}\big[a\,u(x)\big] &= a\,\frac{\mathrm{d}}{\mathrm{d}x}u(x) \\ \frac{\mathrm{d}}{\mathrm{d}x}\big[u(x)+w(x)\big] &= \frac{\mathrm{d}}{\mathrm{d}x}u(x)\ +\ \frac{\mathrm{d}}{\mathrm{d}x}w(x)\end{aligned}$$

ある関数 $u(x)$ を a 倍したものを微分した結果は、$u(x)$ を微分した後で a 倍しても変わらない。また、ある関数 $u(x)$ と別の関数 $w(x)$ の和を取って作った関数を微分した結果は、それぞれの関数を微分してから和を取っても変わらない。この性質は偏微分の場合であっても同じく成り立っている。2 回微分した場合にはどうか？ それでも同じ性質が成り立っている。

そこでシュレーディンガー方程式を眺めてみよう。偏微分が線形性を持っている上に、さらにシュレーディンガー方程式もその定数倍や和だけで構成されている。そのため、例えば関数 $u(x,t)$ がシュレーディンガー方程式の解であった場合、それを定数倍して作った関数 $a\,u(x,t)$ もまたシュレーディンガー方程式の解になっているだろう。

さらに別の関数 $w(x,t)$ もシュレーディンガー方程式の解であった場合、

$$i\hbar \frac{\partial}{\partial t}(u+w) \ = \ -\frac{\hbar^2}{2m}\frac{\partial^2}{\partial x^2}(u+w) \ + \ V(x)\,(u+w)$$

という等式もまた成り立つことが分かるだろう。つまり $u(x,t)+w(x,t)$ という関数もまた、シュレーディンガー方程式の解であるということだ。

このような性質があるため、シュレーディンガー方程式は線形性を持つ、だとか、シュレーディンガー方程式は線形微分方程式である、とか言われる。

前節の変数分離法の説明のところで、シュレーディンガー方程式の解が

$$\psi_n(x,t) \ = \ f_n(x)\,e^{-i\omega_n t}$$

と表せるという結論だったが、このような多数の解のそれぞれに好きな定数 C_n を掛けて足し合わせたものを作ってやろう。

$$\Phi(x,t) \ = \ \sum_n C_n\,\psi_n(x,t)$$

定数 C_n は実数でも複素数でも良い。このような関数 $\Phi(x,t)$ もまたシュレーディンガー方程式の解になっていることが言える。これが「**重ね合わせの原理**」である。形もエネルギーも異なる波が重なって存在していることになるが、つまりこれは確定したエネルギー値を持たない状態であり、複数のエネルギーの値を同時に持っているという奇妙な状態であるとも言えそうだ。

変数分離法の説明の最初の部分で、$\psi(x,t) \ = \ f(x)\ g(t)$ と表せるような解以外は見捨てようと言ったが、上で作った $\Phi(x,t)$ はまさにこの形で表せなかった関数であって、見捨てられそうになっていた解である。こうして多数の解が救われたことになる。

さて、時々次のような考え違いが起きている。前節で話した「時間に依存しないシュレーディンガー方程式」を解いたときに出てくる多数の固有関数の線形和を取ったもの、つまり波の重ね合わせをしたものを次のよう

に作る。

$$\phi(x) = \sum_n C_n f_n(x)$$

これはシュレーディンガー方程式の解になっているだろうか？ 間髪を入れずに言ってしまうが「なっているはずが無い」というのが答である。しかし「重ね合わせの原理」があるのだからこのことは言えるのではないか、と漠然と信じてしまっている人が時々いる。

まず最初に指摘したいのは、ここでの $f_n(x)$ は「時間に依存しないシュレーディンガー方程式」の解であって、$e^{-i\omega_n t}$ が付加されていないから、まだ「時間を含む方程式」の解にはなっていないという点だ。次に指摘したいのは、「時間に依存しない方程式」の方にはエネルギー E が含まれているという点だ。$f_n(x)$ というのはそのエネルギーが特別な値 E_n を取るときだけの解である。E の値が異なれば、それはそれぞれに異なる方程式のようなものだろう。それぞれに異なる E に属する解を足し合わせてみても、それはエネルギーがどんな値のときの解なのか判然としない。

具体的に式で書けばもっと簡単に分かる話で、「時間に依存しない方程式」の場合には

$$-\frac{\hbar^2}{2m}\frac{\partial^2}{\partial x^2}(f_1 + f_2) = \Big[E_1 - V(x)\Big] f_1 + \Big[E_2 - V(x)\Big] f_2$$

とまでは言えるが、右辺はこれ以上はまとまらず、元の方程式と同じ形にはできない。先ほどのようなことは成り立っていないのである。

「時間に依存しないシュレーディンガー方程式」はどのようなエネルギー状態が存在を許されるかを知りたいときに使われる。そういうときには、その重ね合わさった状態にはあまり興味がない。エネルギー固有値 E が確かに定まった状態を仮定していると言えるだろう。

あまり教育熱心ではない学校ではほとんど説明も無く、ただ形式的に変数分離法が説明されて、後はそれを解くことだけが求められる。そして、求まった波動関数の絶対値を 2 乗したものが「粒子がそこに存在する確率」なのだと教えられる。ここで誤解があると次のような疑問を持つことになる。「位置は確率的にしか決まらないのに、なぜエネルギーや運動量は飛び飛びの値として確定するのだろう？」

このような疑問を持って追求を続けるなら、その学生はやがては本当のことを知って救われるだろう。しかし大半の学生は疑問さえ持たずに、問題集の解答と同じ結果になることだけを求めて計算を続ける。

実際には求まった複数の解のうち、どの状態をどんな組み合わせでどの程度含んでいるかについては確定してはいないのだ。

1.7　3次元への拡張

普通の教科書ならば、この後しばらくは1次元のシュレーディンガー方程式に具体的な$V(x)$を当てはめて、幾つかの例題を解いてみせたりすることだろう。しかし現実の世界は3次元だ。1次元の話をされてもそれが何を意味しているのかまだよく分からないし、退屈なのである。少なくとも私が初めて量子力学を学び始めた頃にはひどく退屈に思えたものだった。1次元の問題といえども慣れない計算ばかりで不安になってくるし、力尽きる前に本題にまでたどり着くことができるのだろうかと心配になってくる。どうせ数学で苦しむのなら楽しく苦しもうではないか。本当は1次元の話も重要なのだが、私にはそれよりも先に見せたいものがある。というわけで、そのために必要な3次元のシュレーディンガー方程式を急いで用意しよう。

3次元のシュレーディンガー方程式を作るためには3次元の波を考えなくてはならない。3次元の波と言っても想像するイメージは人それぞれだろう。しかし空間を縦横無尽に行き交い重なり合うような波を考えるのではなく、ここでは1次元のときに考えた波を素直に拡張したものを考えたいのである。空間のある方向へ真っ直ぐに進む波である。

空間の一点から発生して広がる波の波面は球面になっているだろう。こういうものは「**球面波**」と呼ぶのだった。しかしその球面波が無限の距離にまで広がると、その波面はほぼ平面と区別が付かなくなるほど平らになる。こういうものを「**平面波**」と呼ぶのである。今から考えたいのは「球面波」ではなく「平面波」の方であるが、それはどこか一点から発生したような波ではなく、波面が完全に平らであるために、どこまで進んでも、どこまでさかのぼっても、平面波のまま終わりがなく続くような波である。空間の一定方向を目指して進む、全空間を満たしているような波である。

そのようなものを式で表すためには「**波数**」というものを取り入れると都合が良い。波数 k は波長 λ の逆数に 2π を掛けたものである。

$$k \equiv \frac{2\pi}{\lambda}$$

つまり、2π メートルの中に何波長分の波が収まるか、という意味の量である。なぜ 2π なのかと言えば、この定義に従うと、波が簡単な式で表せるようになるからである。例えば以前に使った1次元の波はこの k を使うことによって次のように表せることになる。

$$\begin{aligned}\psi(x,t) &= A\cos\left[2\pi\left(\frac{x}{\lambda}-\nu t\right)\right] \\ &= A\cos\left(kx-\omega t\right)\end{aligned}$$

前に紹介した「アインシュタイン-ド・ブロイの関係式」では波長 λ や振動数 ν を使っていたが、このシンプルな波の式に似合うように波数 k や角振動数 ω を使うことにすれば、次のように書き換えることができる。

アインシュタイン - ド・ブロイの関係式 (書き換え)

$$\begin{aligned}E &= \hbar\omega \\ |\boldsymbol{p}| &= \hbar k\end{aligned}$$

こうして波数 k というのは粒子の運動量の大きさに比例する量だというイメージが出来上がる。初めからこの関係を導入していれば、1次元のシュレーディンガー方程式を導くための説明は終始シンプルな式変形で進んだに違いない。しかし、たかが1次元のシュレーディンガー方程式を導くためだけにそんな下準備をすれば、必要以上に大げさな印象を与えてしまって読者に警戒感を抱かせてしまったことであろう。ところが、3次元を考える場合にはこのような新しい概念の導入は是非とも必要なのである。

さて、さらに一歩進んで「**波数ベクトル**」というものを考えよう。これは平面波が進む方向を指すベクトルで、そのベクトルの大きさは平面波の波数に等しいものだとする。

$$|\boldsymbol{k}| \;=\; k$$

この波数ベクトル $\boldsymbol{k}$ と位置ベクトル $\boldsymbol{r} = (x, y, z)$ の内積 $\boldsymbol{k} \cdot \boldsymbol{r}$ を作ると、これはベクトル $\boldsymbol{r}$ の $\boldsymbol{k}$ 方向成分の長さ L と k との積を計算したことに相当する。

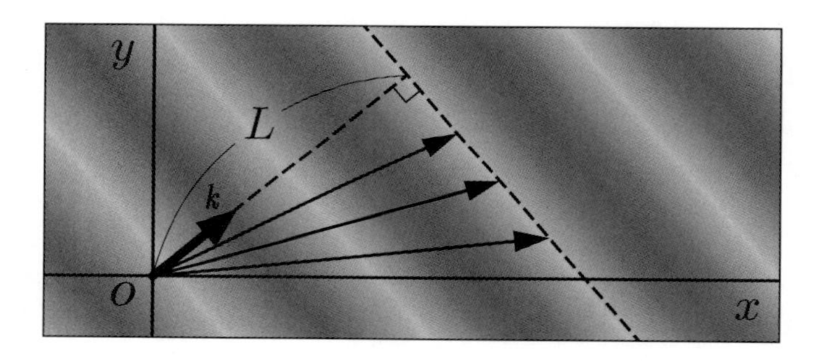

つまり、様々な位置ベクトル $\boldsymbol{r}$ があったとして、それらが全て同一波面上を示している限りは、$\boldsymbol{k} \cdot \boldsymbol{r}$ の値はどれも同じである。逆に考えれば、$\boldsymbol{k} \cdot \boldsymbol{r}$ が同じ値になるような点は同一波面を意味していることになる。

それで次のような式を作れば１次元の波の素直な拡張になっており、$\boldsymbol{k}$ 方向へ進む波数 $|\boldsymbol{k}|$ の波を意味することになるだろう。

$$\psi(\boldsymbol{r}, t) \;=\; A \cos\left(\boldsymbol{k} \cdot \boldsymbol{r} - \omega t\right)$$

波数ベクトル $\boldsymbol{k}$ の各成分を (k_x, k_y, k_z) で表すことにすれば、次のようにも表せる。

$$\psi(x, y, z, t) \;=\; A \cos\left(k_x x \,+\, k_y y \,+\, k_z z \,-\, \omega t\right)$$

こうして普通の平面波を式で表すことができたわけだが、前にも言ったように量子力学に出てくる波は本質的に複素数成分の波なのだった。それで指数を使って次のように表すことにする。

$$\psi(x, y, z, t) \;=\; A e^{i(k_x x \,+\, k_y y \,+\, k_z z \,-\, \omega t)}$$

複素数の波というもののイメージがまだ説明し切れていないのだが、説明に必要な知識が揃った時点で話すつもりなので安心していて欲しい。

この式を x や y や z や t で微分すると次のような結果となる。

$$\frac{\partial \psi}{\partial x} = ik_x \psi \quad , \quad \frac{\partial \psi}{\partial y} = ik_y \psi \quad , \quad \frac{\partial \psi}{\partial z} = ik_z \psi$$
$$\frac{\partial \psi}{\partial t} = -i\omega \psi$$

ところで、ここまでの話から $|\boldsymbol{p}| = \hbar|\boldsymbol{k}|$ であることがすでに言えており、粒子の運動方向を表す $\boldsymbol{p}$ と波の進行方向を表す $\boldsymbol{k}$ とは同じ向きを持っているだろうから、$\boldsymbol{p} = \hbar\boldsymbol{k}$ だということまで言えてしまうだろう。要するに、運動量と波数ベクトルは定数倍だけ異なっているだけで、ほぼ同一視できる存在なのである。それで量子力学の議論に慣れてくると「運動量 $\boldsymbol{k}$」だとか「エネルギー ω」だとか表現することも多くなってくる。素粒子論になると計算の手間を省くために $\hbar$ や光速度 c を 1 とする流儀を採用するので、このような同一視はますます当然のようになってくる。すぐにとは言わないが、だんだんと慣れていって欲しい。とにかく次のような関係が言えているのである。

$$p_x = \hbar k_x \quad , \quad p_y = \hbar k_y \quad , \quad p_z = \hbar k_z$$

これらを使って先ほどの偏微分の結果を書き換えると次のようになる。

$$-i\hbar \frac{\partial \psi}{\partial x} = p_x \psi \quad , \quad -i\hbar \frac{\partial \psi}{\partial y} = p_y \psi \quad , \quad -i\hbar \frac{\partial \psi}{\partial z} = p_z \psi$$
$$i\hbar \frac{\partial \psi}{\partial t} = E \psi$$

平面波の式に $-i\hbar$ を掛けて x で偏微分してやると p_x が式の中から飛び出してくるし、y で偏微分してやると p_y が飛び出してくる、と言った具合だ。3次元で表した運動量とエネルギーの関係式は

$$\begin{aligned} E &= \frac{|\boldsymbol{p}|^2}{2m} + V(x,y,z,t) \\ &= \frac{1}{2m}\Big({p_x}^2 + {p_y}^2 + {p_z}^2\Big) + V(x,y,z,t) \end{aligned}$$

なのだから、1次元のシュレーディンガー方程式を作ったときと同じ理屈で次のような微分方程式を得ることができる。

3次元のシュレーディンガー方程式

$$i\hbar\frac{\partial\psi}{\partial t} \;=\; -\frac{\hbar^2}{2m}\left(\frac{\partial^2\psi}{\partial x^2}+\frac{\partial^2\psi}{\partial y^2}+\frac{\partial^2\psi}{\partial z^2}\right) \;+\; V\psi$$

この右辺のカッコの中にある波動関数 ψ をまとめてカッコの外へ出してやり、次のように表記することもある。

$$i\hbar\frac{\partial\psi}{\partial t} \;=\; -\frac{\hbar^2}{2m}\left(\frac{\partial^2}{\partial x^2}+\frac{\partial^2}{\partial y^2}+\frac{\partial^2}{\partial z^2}\right)\psi \;+\; V\psi$$

これは慣れないと驚く習慣かも知れないが、そんなことをして許されるのだろうかと考え込む必要はまるでない。これは単に、そのように書くことにしても良いということにしようという約束である。このカッコの中にある偏微分記号の組み合わせは「**ラプラシアン**」あるいは「**ラプラス演算子**」と呼ばれており、次のような記号を使って略記される。

$$\nabla^2 \;\equiv\; \frac{\partial^2}{\partial x^2}+\frac{\partial^2}{\partial y^2}+\frac{\partial^2}{\partial z^2}$$

このラプラシアン記号を使って3次元のシュレーディンガー方程式を次のように書き表すこともあるが、やはり全く同じ意味である。

$$i\hbar\frac{\partial\psi}{\partial t} \;=\; -\frac{\hbar^2}{2m}\nabla^2\psi \;+\; V\psi$$

3次元の場合も V が時間を含んでいなければ変数分離法を使って解くことになる。やり方は全く同じで、次のような式が得られるだろう。

時間に依存しない3次元のシュレーディンガー方程式

$$-\frac{\hbar^2}{2m}\nabla^2 f(x,y,z) \;=\; \Big[E - V(x,y,z)\Big]\, f(x,y,z)$$

ちょっとごちゃごちゃしている印象があるかも知れないが、それは気のせいであって、ほとんど違いがない。この式を解けば、多数の固有エネルギー E_n とともにそれに応じた解 $f_n(x,y,z)$ も多数導かれる。それらに $e^{-i\omega_n t}$ を掛けてやったものがシュレーディンガー方程式の解になっているというのも同じだ。ω_n というのはもちろん $E_n = \hbar\omega_n$ という関係になっている値のことである。

1.8 原子の構造

これで全ての準備が整い、いよいよシュレーディンガー方程式を具体的に解いてみる時が来た。原子核の周りを回る電子の様子について計算してみよう。多くの教科書ではかなり後ろの方で説明されているような内容だが、こんな面白い話を後まで残しておくなんてもったいなさ過ぎる。

難しいのではないかと心配する必要はない。確かに難しい。これからやる計算はシュレーディンガーでさえ自力で解いたわけでなく、数学者の助けを借りたのである。どうせ自力で解けるような内容ではないし、分厚い教科書を読んだ後でもそれは少しも変わらない。そういうことなら、まだ読者に気力があるうちにこの山を登り切って欲しいと思っている。なぜなら、これからお見せするのが、私が量子力学の話の中で一番美しいと思っている景色だからである。

電子は負の電荷を持っており、原子核の持つ正電荷に引き寄せられることで、原子核の周囲を回っているらしい。そのことが確からしいと分かり始めたのは 1911 年のラザフォードの実験による。

しかしなぜ電子が原子核に突っ込まないで軌道を保っていられるのかは長い間の謎であった。というのも、電荷を持った粒子が加速運動を行うと、電磁波を放出しながらブレーキが掛けられるというよく知られた現象があるからである。原子核の周りでの円運動も加速運動の一種であるから、電子は光を放出してその分の運動エネルギーを失い、原子核の引力に負けてたちまちのうちに原子核に墜落してゆくはずなのだ。電磁気学の計算からは確かにそうなることが導かれる。

なぜ電子は電磁波を放出しないで安定な状態を保っていられるのだろう？そしてどんな軌道を回っているのだろう？ その仕組みは量子力学によってようやく理解できるようになった。

原子核の電荷によるポテンシャルエネルギーは

$$V(r) \ = \ -\frac{a}{r}$$

と書ける。ごちゃごちゃとした係数をひとまとめにして a と置いたわけだ

が、念のために書いておけば、

$$a = \frac{Ze^2}{4\pi\varepsilon_0}$$

である。Z は原子番号で、e は電子の電荷を表す。

これをシュレーディンガー方程式に代入して解けば、電子が原子核の周りでどんな波を作るのかが分かるはずだ。

このポテンシャルの式は原子核からの距離 r にのみ依存する球対称の形をしているので、今までのような3次元座標を (x, y, z) で表した式では解きにくい。時間に依存しない3次元のシュレーディンガー方程式

$$-\frac{\hbar^2}{2m_e}\left(\frac{\partial^2}{\partial x^2} + \frac{\partial^2}{\partial y^2} + \frac{\partial^2}{\partial z^2}\right)\psi + V\psi = E\psi$$

を極座標に変換してやろう。極座標というのは座標原点からの距離 r と方向を表すための θ と ϕ という角度の変数で位置を表すやり方である。

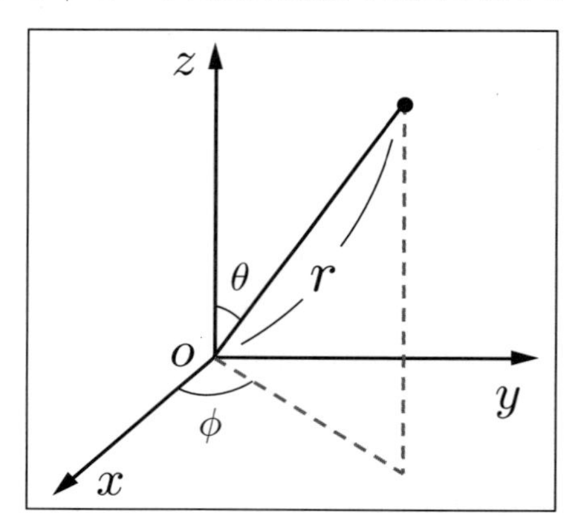

ところで上のシュレーディンガー方程式では電子の質量を m_e と表している。今回の話ではどうしても記号 m を別の量を表すのに使いたいので、区別するために仕方なくそうしたのである。混乱しないように覚えておいてほしい。

さて、上のシュレーディンガー方程式の中の

$$\nabla^2 \equiv \frac{\partial^2}{\partial x^2} + \frac{\partial^2}{\partial y^2} + \frac{\partial^2}{\partial z^2}$$

の部分は極座標で表せば次のように書き換えられる。

$$\nabla^2 \equiv \frac{1}{r^2}\frac{\partial}{\partial r}\left(r^2\frac{\partial}{\partial r}\right)+\frac{1}{r^2\sin\theta}\frac{\partial}{\partial\theta}\left(\sin\theta\frac{\partial}{\partial\theta}\right)+\frac{1}{r^2\sin^2\theta}\frac{\partial^2}{\partial\phi^2}$$

この変換は数学が解決してくれるものであって、量子力学の本質とは関係がない。巻末の付録Bに「偏微分の座標変換」という見出しで解説しておいたので、暇で仕方ないときにでも確認しておいてもらえばいいだろう。要するにシュレーディンガー方程式は次のように表しても良いということだ。

$$-\frac{\hbar^2}{2m_e}\left[\frac{1}{r^2}\frac{\partial}{\partial r}\left(r^2\frac{\partial}{\partial r}\right)+\frac{1}{r^2\sin\theta}\frac{\partial}{\partial\theta}\left(\sin\theta\frac{\partial}{\partial\theta}\right)+\frac{1}{r^2\sin^2\theta}\frac{\partial^2}{\partial\phi^2}\right]\psi + V(r)\psi = E\psi$$

これで本当に解きやすくなったのかと疑いたくなる気持ちは分かる。両辺に r^2 を掛けたり、移項したりすれば少しは見やすくなるかも知れない。

$$\left[\frac{\partial}{\partial r}\left(r^2\frac{\partial}{\partial r}\right) + \frac{1}{\sin\theta}\frac{\partial}{\partial\theta}\left(\sin\theta\frac{\partial}{\partial\theta}\right) + \frac{1}{\sin^2\theta}\frac{\partial^2}{\partial\phi^2} + \frac{2m_e r^2}{\hbar^2}\Big(E-V(r)\Big)\right]\psi = 0$$

それでもまだ r やら θ やら ϕ やらが一緒になっていて、解きにくいどころか、どこから手を付けたらいいか分からない状態なので、前に紹介した変数分離法を使って分解してやることにする。変数分離法というのはこんな具合にいつでも気軽に使うようなテクニックなのである。

やることは前に行ったのと大して変わらない。まず波動関数が、

$$\psi(r,\theta,\phi) = R(r)\,Y(\theta,\phi)$$

という形になっていると仮定して代入してやる。すると方程式は

$$\begin{aligned}&Y(\theta,\phi)\frac{\partial}{\partial r}\left(r^2\frac{\partial}{\partial r}\right)R(r)\\&\quad + R(r)\left[\frac{1}{\sin\theta}\frac{\partial}{\partial\theta}\left(\sin\theta\frac{\partial}{\partial\theta}\right) + \frac{1}{\sin^2\theta}\frac{\partial^2}{\partial\phi^2}\right]Y(\theta,\phi)\\&\quad + \frac{2m_e r^2}{\hbar^2}\Big(E-V(r)\Big)R(r)Y(\theta,\phi) = 0\end{aligned}$$

と書けるだろう。微分に関係のない関数は定数のように扱って各項の前の方へ出しておいた。この式の両辺を $R(r)\,Y(\theta,\phi)$ で割ってやると、

$$\begin{aligned}\frac{1}{R(r)}\frac{\partial}{\partial r}\left(r^2\frac{\partial}{\partial r}\right)R(r) \;+\; \frac{2m_e r^2}{\hbar^2}\Big(E-V(r)\Big) \\ =\;-\frac{1}{Y(\theta,\phi)}\left[\frac{1}{\sin\theta}\frac{\partial}{\partial\theta}\left(\sin\theta\frac{\partial}{\partial\theta}\right)+\frac{1}{\sin^2\theta}\frac{\partial^2}{\partial\phi^2}\right]Y(\theta,\phi)\end{aligned}$$

のようになって、左辺は r のみの関数に、右辺は (θ,ϕ) の関数にすることができる。つまり、両辺は r、θ、ϕ のいずれにも依存しないある定数になっているはずだ。それを α と置こう。そうすれば、上の式を次のような二つの式に分離することができる。

$$\begin{aligned}\left[\frac{\partial}{\partial r}\left(r^2\frac{\partial}{\partial r}\right)+\frac{2m_e r^2}{\hbar^2}\Big(E-V(r)\Big)\right]R(r) \;&=\; \alpha R(r) \\ \left[\frac{1}{\sin\theta}\frac{\partial}{\partial\theta}\left(\sin\theta\frac{\partial}{\partial\theta}\right)+\frac{1}{\sin^2\theta}\frac{\partial^2}{\partial\phi^2}\right]Y(\theta,\phi) \;&=\; -\alpha Y(\theta,\phi)\end{aligned}$$

次に、今分離したばかりの２番目の式に含まれる θ と ϕ を分離してやりたい。その準備としてこの両辺に $\sin^2\theta$ を掛けて少しすっきりさせておこう。

$$\left[\sin\theta\frac{\partial}{\partial\theta}\left(\sin\theta\frac{\partial}{\partial\theta}\right)+\frac{\partial^2}{\partial\phi^2}\right]Y(\theta,\phi) \;=\; -\alpha\ \sin^2\theta\ Y(\theta,\phi)$$

ここで、

$$Y(\theta,\phi) \;=\; \Theta(\theta)\ \Phi(\phi)$$

を仮定して代入してやると、

$$\Phi(\phi)\sin\theta\frac{\partial}{\partial\theta}\left(\sin\theta\frac{\partial}{\partial\theta}\right)\Theta(\theta)+\Theta(\theta)\frac{\partial^2}{\partial\phi^2}\Phi(\phi) \;=\; -\alpha\ \sin^2\theta\ \Theta(\theta)\Phi(\phi)$$

となる。やはり同じように両辺を $\Theta(\theta)\,\Phi(\phi)$ で割ってやる。

$$\frac{1}{\Theta(\theta)}\sin\theta\frac{\partial}{\partial\theta}\left(\sin\theta\frac{\partial}{\partial\theta}\right)\Theta(\theta)+\alpha\ \sin^2\theta \;=\; -\frac{1}{\Phi(\phi)}\frac{\partial^2}{\partial\phi^2}\Phi(\phi)$$

するとこの式の左辺は θ のみの関数であり、右辺は ϕ のみの関数となるので、両辺は θ にも ϕ にも依存しないある定数 β に等しいに違いない。こ

うして二つの式に分離できることになる。ついでだから、先ほどの結果とまとめて書いておくことにしよう。結局、極座標のシュレーディンガー方程式は、次のような三つの式に分離できたことになる。

$$\left[\frac{\partial}{\partial r}\left(r^2\frac{\partial}{\partial r}\right)+\frac{2m_e r^2}{\hbar^2}\Big(E-V(r)\Big)\right]R(r) \;=\; \alpha\, R(r)$$
$$\left[\sin\theta\frac{\partial}{\partial\theta}\left(\sin\theta\frac{\partial}{\partial\theta}\right)+\alpha\ \sin^2\theta\right]\Theta(\theta) \;=\; \beta\ \Theta(\theta)$$
$$\frac{\partial^2}{\partial\phi^2}\Phi(\phi) \;=\; -\beta\ \Phi(\phi)$$

いきなり三つの式に分離することはできなくて、二つずつ分けてゆく必要があるところが少し面倒なのだが、手間が掛かる分だけ愛着も増すというものだ。

まずは最も簡単そうな 3 番目の式から解いてみよう。

$$\Phi(\phi) \;=\; A\,e^{i\sqrt{\beta}\phi} \;+\; B\,e^{-i\sqrt{\beta}\phi}$$

という解があることはすぐに分かる。すぐには分からないという人は慣れていないだけであって、代入してもらえれば納得が行くだろう。他にも、元の方程式の β が 0 のときには、

$$\Phi(\phi) \;=\; C\,\phi \;+\; D$$

という解もある。

ところで ϕ の範囲は $0 \leqq \phi \leq 2\pi$ であって、原子核の周りをぐるっと一周して元の位置に戻ったときに波動関数が同じ値になっていないとおかしいので、$\Phi(0)=\Phi(2\pi)$ という条件が要る。これによって $\beta=0$ のときの係数 C は 0 でなければならないことが分かる。また、$\beta\neq 0$ のときには $\sqrt{\beta}$ が整数であればいい。それはオイラーの公式を使って三角関数に書き換えれば理解できるだろう。その整数を m と置いた方が分かりやすくなりそうだ。つまり、解は、

$$\Phi(\phi) \;=\; A\,e^{im\phi} \;+\; B\,e^{-im\phi}$$

となる。この二つの項はそれぞれ反対向きに進む波を表しているが、今は極座標なので反対回りの波と表現すべきだろうか。この二つの波はそれぞ

れ単独でも解として成り立つ独立なものなので、一つだけ書いておいて、m の値が正でも負でも良いとしておけばどちらも表せる。また $\beta = 0$ の場合の解は $m = 0$ としておけば表せる。結局、この解は

$$\Phi(\phi) \;=\; A\,e^{im\phi} \qquad (m\text{ は整数})$$

だということだ。

ミクロの世界は不思議なのだから、ひょっとして一周しただけでは波動関数が繋がらなくて、二周してようやく繋がる場合だってあるかも知れない。そういう可能性を排除すべきではないが、そんなことはすでに初期の研究者らがあれこれと試してみただろうと思う。そして、原子を理解する上ではこのような奇妙な考えは必要なかったようだ。現代人は結果を知っているので楽ができるのだが、感謝を忘れないようにしよう。

身の回りには出来上がった理論ばかりがあるので、理にかなった正しい推論さえ続けていれば全てが説明できてしまうような気分になる。しかしそれは錯覚だ。実情は、現実にうまく合うように理論の方を合わせて、「その時点では理にかなってはいたが結局は要らなかった可能性」を次々に捨ててきたという歴史の積み重ねなのである。

ちなみに、何周しても波動関数が繋がらない場合というのも考えられる。しかしこれは定常状態だとは言えないので、今の計算の目的からは外れた別の問題だ。これについても初期の研究者はあれこれと考えたことだろう。

次に三つに変数分離した式の中の2番目の式を解こう。先ほど $\sqrt{\beta}$ が整数 m でなくてはならないとした条件を取り入れると、

$$\left[\sin\theta\frac{\partial}{\partial\theta}\left(\sin\theta\frac{\partial}{\partial\theta}\right) + \alpha\ \sin^2\theta\right]\Theta(\theta) \;=\; m^2\,\Theta(\theta)$$

という式を解かなくてはいけないことになる。これは簡単には行かない。色々と工夫が必要だが、今回は計算テクニック的なところには興味がないので解だけを書くことにする。

$$\Theta_{lm}(\theta) \;=\; (-1)^{\frac{m+|m|}{2}}\sqrt{l+\frac{1}{2}}\sqrt{\frac{(l-|m|)\,!}{(l+|m|)\,!}}\;P_l^m(\cos\theta)$$

式の複雑さには目を向けない方がいい。最初の方に付いているごちゃごちゃした部分は全て定数で、この解を使って確率を計算したときに全体で1

になるように調整するためについているだけである。本体は最後の方に付いている関数 $P_l^m(x)$ の部分だけだ。これは「**ルジャンドル陪関数**」と言って、その定義は、

$$P_l^m(x) \equiv (1-x^2)^{\frac{|m|}{2}} \frac{\mathrm{d}^{|m|}}{\mathrm{d}x^{|m|}} P_l(x)$$

である。$\frac{\mathrm{d}^{|m|}}{\mathrm{d}x^{|m|}} P_l(x)$ というのは関数 $P_l(x)$ を $|m|$ 回微分せよという意味である。この $P_l(x)$ という関数は「**ルジャンドル多項式**」といって、定義は次の通りである。

$$P_l(x) \equiv \frac{1}{2^l\, l\,!} \frac{\mathrm{d}^l}{\mathrm{d}x^l} (x^2-1)^l$$

l や m の値の組み合わせによって項の数や形が全く違うことが分かる。このような解が存在するのは、l が整数で、$\alpha = l(l+1)$ であるときだけである。さらに $l \geqq |m|$ という条件も満たしていないといけない。理論的には難しそうだが、具体的に書くとそうでもない。

$$\begin{aligned}
\Theta_{0,0}(\theta) &= \sqrt{1/2} \\
\Theta_{1,0}(\theta) &= \sqrt{3/2}\ \cos\theta \\
\Theta_{1,\pm1}(\theta) &= \mp\sqrt{3/4}\ \sin\theta \\
\Theta_{2,0}(\theta) &= \sqrt{5/8}\ (3\cos^2\theta - 1) \\
\Theta_{2,\pm1}(\theta) &= \mp\sqrt{15/4}\ \sin\theta\cos\theta \\
\Theta_{2,\pm2}(\theta) &= \sqrt{15/16}\ \sin^2\theta
\end{aligned}$$

などといった具合だ。

$\Phi(\phi)$ と $\Theta(\theta)$ の積 $Y_l^m(\theta,\phi)$ を「**球面調和関数**」と呼ぶ。これはあれこれ難しい応用問題に取り組んでいるとそのうちに電磁気学の分野にだって出てくるもので、決して量子力学に特有なものではない。

では最後に、三つに変数分離した式のうちの残りの一つに取り組んでみよう。r についての微分方程式である。前に解いた二つの方程式が、$\alpha = l(l+1)$ であるときにしか解を持たないというのであるから、それ以外の場合につ

いて考えることは無意味だ。そこで、次のような式を解くことになる。

$$\left[\frac{\partial}{\partial r}\left(r^2\frac{\partial}{\partial r}\right)+\frac{2mr^2}{\hbar^2}\left(E+\frac{a}{r}\right)-l(l+1)\right]R(r)=0$$

これを解くのも簡単にはいかないので結果だけを示すことにする。

$$\begin{aligned} R_{nl}(r) \ = \ & -\left(\frac{2Z}{nr_0}\right)^{\frac{3}{2}}\sqrt{\frac{(n-l-1)\,!}{2n\big[(n+l)\,!\big]^3}} \\ & \exp\left(-\frac{Z}{n}\frac{r}{r_0}\right)\ \left(\frac{2Z}{n}\frac{r}{r_0}\right)^l\ L_{n+l}^{2l+1}\left(\frac{2Z}{n}\frac{r}{r_0}\right) \end{aligned}$$

式をなるべく簡単にするために仕方なく「**ボーア半径**」

$$r_0 \ = \ \frac{4\pi\varepsilon_0\hbar^2}{m_e e^2}$$

を使った。これは量子力学が発展する前の推論から作られた量であり、ここで説明すると話の腰を折ってしまうので次の節でその意味を説明しよう。また、$L_t^s(x)$ という関数が使われているが、これは「**ラゲールの陪多項式**」と呼ばれるもので、定義は

$$L_t^s(x) \ \equiv \ \frac{\mathrm{d}^s}{\mathrm{d}x^s}\left[e^x\frac{\mathrm{d}^t}{\mathrm{d}x^t}\left(x^t e^{-x}\right)\right]$$

である。本当は解はこれだけではないのだが、r が無限遠になるところで発散するような形のものは物理的に意味がないので捨ててしまった。そのような条件を課した結果、n が 1 以上の整数であるときにしか解を持たないようになっている。しかも、$n \geqq l+1$ という条件も成り立っていないといけない。

つまり、電子の軌道はこれまでに出てきた (n,l,m) の三つの整数の組で指定されるようなものしか存在できないのである。n を「**主量子数**」、l を「**方位量子数**」、m を「**磁気量子数**」と呼ぶ。これらを表すのに (n,l,m) のアルファベットを使うのは割りと伝統的に固定されたものであるから、それと重ならないように電子の質量を m_e で表すことにしたのである。三つの量子数の条件が複雑そうに思えるが、それほど難しくもない。例えば $n=2$ だとしよう。l は n より小さくなくてはいけなくて、$l=0$ と $l=1$ の二通りが許される。m の絶対値は l 以下でなくてはいけないから、$l=0$ なら

$m=0$ のみ、$l=1$ なら $m=-1,0,1$ の三通りが許される。と、こんな具合だ。この状況を表にまとめてみよう。

$n=1$（K 殻）	$l=0$（s）	$m=0$
$n=2$（L 殻）	$l=0$（s）	$m=0$
	$l=1$（p）	$m=-1$
		$m=0$
		$m=1$
$n=3$（M 殻）	$l=0$（s）	$m=0$
	$l=1$（p）	$m=-1$
		$m=0$
		$m=1$
	$l=2$（d）	$m=-2$
		$m=-1$
		$m=0$
		$m=1$
		$m=2$

まだまだ続くのだがきりがない。高校で K 殻、L 殻、M 殻などと習った電子の軌道は、実はそれぞれ、$n=1,2,3,\cdots$ の状態に対応しているのである。また、$l=0,1,2,3,\cdots$ の状態は分光学の歴史的な由来からそれぞれ s, p, d, f といった記号が割り振られている。これらは sharp（くっきり）, principal（主要な）, diffused（広がった）, faint（ぼやけた）の頭文字で、スペクトル線がどう見えるかという特徴を表している。f より上は名前を付けるのが面倒なのでアルファベット順に g, h, i ... と続くらしい。

これらを組み合わせて、1s 軌道とか、2s 軌道とか 2p 軌道とか呼ぶのである。2p 軌道は磁気量子数を区別して、$2p_{-1}$、$2p_0$、$2p_1$ のように書いたりもする。「軌道」という呼び方は、電子が原子核の周りを実際に回っていると考えていた頃の名残であって、本当は「状態」と呼んだ方が正確なイメージが伝えられるのだろう。波が安定して存在していられる状態は上で求めたような限られた場合しかないのである。

大切な計算結果をまだ隠したままだった。各状態のエネルギーEは

$$
\begin{aligned}
E_n &= -\frac{a^2 m}{2\hbar^2}\frac{1}{n^2} \\
&= -\left(\frac{Ze^2}{4\pi\varepsilon_0}\right)^2 \frac{m}{2\hbar^2}\frac{1}{n^2} \\
&= -\frac{Z^2 e^4 m_e}{32{\varepsilon_0}^2\pi^2\hbar^2}\frac{1}{n^2}
\end{aligned}
$$

と表され、nだけによって値が決まる。だからnのことを「**エネルギー量子数**」と呼ぶこともある。電子は周囲の電場が変化すると、つまり電磁波が存在すると、そこからエネルギーを得て高いエネルギー状態に変化する。この変化を「**励起**」と呼ぶ。原子が特定の波長の光を吸収するのは原子内部にある電子のこういう仕組みによるわけだ。

そして励起された電子は、しばらく時間が経つと、再び元の低いエネルギー状態に落ちてくる。その「しばらくの時間」というのは確率で決まるわけだが、その計算方法はかなり面倒であり、実は「場の量子論」を使わないとうまく説明できない。

電子が低いエネルギー状態に落ちるとき、そのエネルギー差に相当する波長の光を放つ。ネオンサインの美しい光はこの原理を応用したものである。放電管の中にガスを封入して、電場によって粒子を加速して、原子や電子を互いにぶつけてやると、原子の中の電子はそのエネルギーを吸収して励起する。その電子が再び元の状態に落ちるときに、その原子に特有な光を放出するのである。

このような放電管の中の原子の放つ光をプリズムを使って波長ごとに分けて、その強度分布、つまり「**スペクトル**」を観察すると、それが綺麗な模様に見える。限られた波長の光だけが出ているので、それが飛び飛びの線として見えるのである。この線の組み合わせを調べれば、それがどの原子から出たものかが分かる。こういうのを調べる学問が、先ほども話に出た「分光学」というものだ。

今回の計算だけで原子の全てを理解した気になってはいけない。今回の計算は、電子一個と原子核とのポテンシャルしか考慮に入れていないのだった。つまり、水素原子についての計算をしたことになる。現実の様々な種

類の原子には多数の電子が含まれていて、本当はそれらの電子どうしの影響も計算に入れる必要があるのだが、私には複雑すぎるのでここでやるつもりはない。こういう複雑なことが大好きで仕方のない高校生は大学で化学などを専攻するといい。嫌になるほど満足させてもらえるだろう。

では今回の計算結果は水素以外には役に立たないものなのかと悲観することはなくて、最外殻電子が一個しかない場合には、それより内側の電荷を一つのものだと近似して、ほぼ同じようにとらえることもできなくもない。それで、今回の計算は「**水素様原子** (すいそようげんし)」とか「**水素類似原子**」とか呼ばれる。この表現には、水素であっても現実にはこれほど単純ではないですよ、というニュアンスも含まれている気がする。

というのは、水素の場合でも、外部から電場が掛かっていたり他の電子からの影響があったりすると、n の値が同じであっても l や m の値の違いによってエネルギーにわずかな差が生じることがあって、先ほどの計算が全てではないからである。この現象は「摂動論」と呼ばれるテクニックを使えば計算できるのだが、残念ながらこの本には入れることができなかった。電場が掛かることによって、l や m の違いによってもエネルギーに僅かな違いが出る現象を「**シュタルク効果**」と呼び、磁場によって同様なことが起こるのを「**ゼーマン効果**」と呼ぶ。非常にかっこいい名前だ。まぁ、豆知識には過ぎないのだが知っておくだけでも何かと役に立つだろう。これらの効果は、先ほども紹介したスペクトル線を観察すれば見られる。放電管に電場や磁場をかけることで、それまで一本に見えていた線が分裂するのである。

多数の電子を含む原子の場合には、電場や磁場を外から近付けなくても、元からそのようなことが起きており、複数のスペクトル線が密集して見えたり、個々の線が区別できなくてぼんやりとした太めの線に見えたりするわけだ。このことが先ほども言った、s, p, d, f などの名前の由来になっている。

そのような原子では、そのわずかなエネルギーの差によって、電子が軌道に納まってゆく順番が決まる。初めは K 殻に、K 殻が埋まると次は L 殻に、L 殻 ($n = 2$) の中でも、初めはわずかにエネルギーの低い 2s 軌道から、といった具合に電子が詰まって行く。どの軌道のエネルギーが低いか、どの順番で電子が詰まって行くかというルールは原子番号が大きくなるに従ってだんだん複雑になって行く。

しかし不思議なのは、なぜ次々に高いエネルギーの軌道に詰まって行くのか、という点だ。シュレーディンガー方程式によって許されているのだから、全ての電子がみんな一緒に一番低いエネルギーの軌道に納まればいいのではないだろうか。しかし現実にはそうはならない。軌道上に先客がいると、電子は他の軌道を選ぼうとする。何かまだ知らない別の法則、何らかの仕組みが隠されていそうだ。この謎の法則を「**排他律**」と呼ぶ。このようなことが起こる原因については第6章で明らかにしよう。

先ほどの表を見ると、K殻には1つ、L殻には4つ、つまり n^2 ずつの軌道が存在するようだ。しかしこれは高校までに習った話と違うのではないだろうか。一番エネルギーの低い軌道には2つまで、次の軌道には8つまで入ると習ったはずだ。どうやら電子は一つの軌道に2つずつ入ることができるらしい！

しかしパウリは「**そうではない**」と考えた。別の考え方もできる。この方程式では導き出せない別の状態がまだ隠されているのではないか。我々がこの時点で一つの軌道だと思っているものには実は二つの状態があって、電子はやはり一つの状態に一つずつしか入れないのだと考えてはどうだろう。排他律が「**パウリの排他原理**」とまで呼ばれるのは、彼のこの鋭い考察のゆえである。

パウリはこのような信念から、波動関数を2成分を持つ行列として表して計算する方法を考え始め、細かな点まで現実をよく表せる理論を作り上げるのに成功した。これは電子の「スピン」に関わる話であるが、やはりこの本の分量には収めることができなかった。近い内にこの本の続編を書く必要がありそうだ。

ここで、先ほど求めた計算結果を図で表したものを載せておこう。右ページの図は球面調和関数だけを頼りに図示したものである。波の振幅の絶対値の2乗の大きさが方向によってどんな風に変化しているかという傾向を表しただけのものだと思ってほしい。

実際にはこのようなくっきりした境目はなくて、存在確率は空間にぼんやりと広く分布している。存在確率の大きさを霧の濃淡に例えて、「**電子雲**」などと表現する人もいるようだ。この霧の濃さは原子核からの距離によって変化し、何回かの濃淡を繰り返した後、原子核から遠ざかるに従って薄くなってゆく。その繰り返しの数は主量子数 n の違いによって決まる。

今回の図ではそこまで表現し切れていない。

また、波動関数がこんな形で止まっているのだと考えてはいけない。前にも話したように、今回の計算結果には時間に依存して位相が変化するような関数が掛けられるべきであり、状態のエネルギーが高いほど高い振動数で変化しているのである。確かに波動関数は変化し波打ちつつ、そこに存在している。

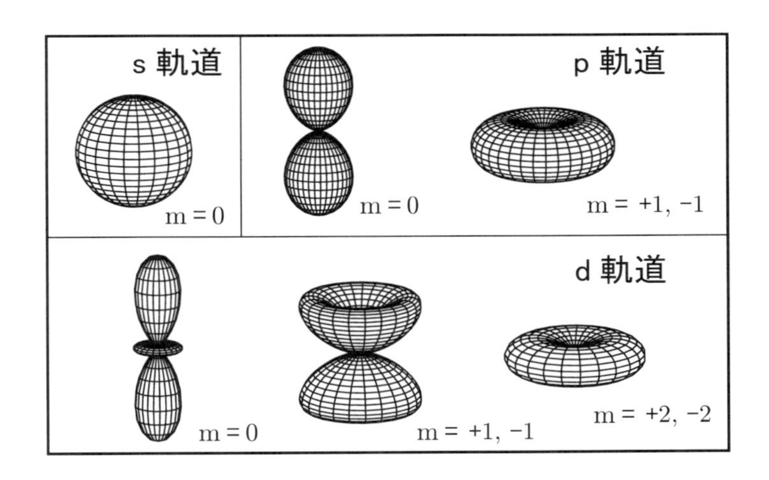

この図を見て、自分が知ってるイメージとは違うなと感じる人がいるかも知れない。例えば p 軌道の $m = 0$ の形が横倒しになったりして、x、y、z の軸の各方向を向いたような 3 組の図をどこかで見たことがあるかも知れない。実はそのようなものは、上に図示したような波動関数をうまく重ね合わせることで実現できるのである。p 軌道の三つの状態を表す球面調和関数はデカルト座標で表すと次のようになっている。

$$
\begin{aligned}
Y_1^0 &= \frac{1}{\sqrt{2\pi}}\sqrt{\frac{3}{2}}\cos\theta &&= \frac{1}{\sqrt{2\pi}}\sqrt{\frac{3}{2}}\,\frac{z}{\sqrt{x^2+y^2+z^2}} \\
Y_1^{\pm 1} &= \mp\frac{1}{\sqrt{2\pi}}\sqrt{\frac{3}{4}}\,e^{\pm i\phi}\sin\theta &&= \mp\frac{1}{\sqrt{2\pi}}\sqrt{\frac{3}{4}}\left(\frac{x \pm iy}{\sqrt{x^2+y^2+z^2}}\right)
\end{aligned}
$$

それで、次のような組み合わせを作れば三つの対称な形の軌道を得ることができるだろう。

$$
\begin{aligned}
\psi_{p_x} &= \frac{1}{\sqrt{2}}\left(Y_1^{-1} - Y_1^1\right) = \frac{1}{\sqrt{2\pi}}\sqrt{\frac{3}{2}}\,\frac{x}{\sqrt{x^2+y^2+z^2}} \\
\psi_{p_y} &= \frac{i}{\sqrt{2}}\left(Y_1^{-1} + Y_1^1\right) = \frac{1}{\sqrt{2\pi}}\sqrt{\frac{3}{2}}\,\frac{y}{\sqrt{x^2+y^2+z^2}} \\
\psi_{p_z} &= Y_1^0 \qquad\qquad\qquad\quad = \frac{1}{\sqrt{2\pi}}\sqrt{\frac{3}{2}}\,\frac{z}{\sqrt{x^2+y^2+z^2}}
\end{aligned}
$$

どれも先ほどの図のp軌道の $m=0$ と同じ形であり、軸の方向がそれぞれ違うだけである。これらはそれぞれ p_x、p_y、p_z 軌道と呼ばれる。主量子数が2なら、$2p_x$、$2p_y$、$2p_z$ などと表記される。

このように、それぞれの状態は明確に区別されるわけではなく、エネルギーが同じ状態どうしは特に容易に混じり合うことができる。まさに波の重ね合わせであり、量子力学が見せてくれる不思議な性質の一つだ。このようにして作られる軌道は「**混成軌道**」と呼ばれる。

同じような理屈で、s軌道も含めて複雑に重ね合わせることで4つの対称な軌道を作ることもできる。これは「sp^3 混成軌道」と呼ばれ、それぞれの軌道は正四面体の頂点の方向を向いており、メタンやアンモニアなどの分子の化学結合の角度を説明することができる。この他にも色々な混成軌道が考えられており、化学的な性質を説明するのに役立っているのである。

伝統的な解釈や教科書の説明がどうであろうと、私は次のように考えたい。電子は原子核の周りに波として存在している。粒子が飛び回っているのではない。電子という粒がどこにあるのかを無理に確かめようとすれば、原子核の周辺のどこかに見つけることができるだろうが、それは観測をするという行為の反応がどこか一点で起こるという結果を見ているだけのことに過ぎない。それを粒子の位置だと考えたいならそれでもいいが、電子は元からそこにあったわけではない。観測の結果、広がっていた波が狭い範囲に収縮しただけのことである。その位置は確率的に決まる。

我々は原子というものが、実在する粒、何かの塊のように考えているだろう。しかし実は、電子が原子核の周囲に作る波の広がりを原子と呼んでいるに過ぎない。あたかも「空気が流れる現象」を「風」と名付けて呼んでいるようなもので、「風」に実体がないのと同じように、原子という存在も単なる現象に過ぎないのである。
　ああ、この世界は一体何から出来ているのだろう？

1.9　ボーア半径

　先ほどの計算の途中でボーア半径というものを使ったので、それが何なのかを簡単に説明しておくことにしよう。ボーア半径とは、量子力学が誕生する10年以上も前にボーアによって考えられた原子模型による、理論上の水素の半径である。
　古典物理によれば、電子が原子核の周りを回転すると電子は電磁波を放出してエネルギーを失い、瞬時に原子核へと墜落するはずであった。しかしボーアは電子の角運動量 $\boldsymbol{L}$ の大きさがちょうど $\hbar$ の整数倍のときだけは、なぜか墜落せずに安定な軌道を保っていられるのだという大胆な仮説を立てた。

$$|L| \ = \ mv \cdot r \ = \ n\hbar$$

　一方、電子の運動をニュートン力学で計算すると、電子と原子核の電荷が引き合う力が向心力となって円運動を起こすので次のような式が立てられる。

$$\frac{1}{4\pi\varepsilon_0}\frac{e^2}{r^2} \ = \ m\frac{v^2}{r}$$

　これら二つの式から v を消去すると、

$$r \ = \ \frac{4\pi\varepsilon_0\hbar^2}{e^2 m}n^2$$

という式が出来上がる。$n=1$ のときが一番低いエネルギーの軌道を表しており、それをボーア半径と呼んだのである。
　値を代入して計算してみるとこれは0.53Å程度であり、実際の水素の半径の値に近い。実際の水素の半径と言っても測り方と定義によって違うのだが、ファンデルワールス半径（簡単に言えば、H_2 分子どうしがぶつかるときのように、化学結合しないで近付ける距離の半分のこと）は1.2Å、共有結合半径なら0.3Åである。おおよそ合っている。

ボーアの理論では電子のエネルギーがどうなるかというと、運動エネルギーと位置エネルギーを合わせて次のようになる。

$$\begin{aligned} E &= \frac{1}{2}mv^2 - \frac{1}{4\pi\varepsilon_0}\frac{e^2}{r} \\ &= \frac{1}{2}\cancel{m}\left(\frac{1}{4\pi\varepsilon_0}\frac{e^2}{r}\frac{1}{\cancel{m}}\right) - \frac{1}{4\pi\varepsilon_0}\frac{e^2}{r} \\ &= -\frac{1}{8\pi\varepsilon_0}\frac{e^2}{r} \\ &= -\frac{e^4 m}{32{\varepsilon_0}^2\pi^2\hbar^2}\frac{1}{n^2} \end{aligned}$$

これはシュレーディンガーの計算結果と一致する。前節の結果に $Z = 1$ を入れれば全く同じである。もちろんこれは分光学から得られる現実の実験結果にも一致する。量子力学を使わなくても、これくらいのことはすでに言えていたわけだ。

だからシュレーディンガーがこれと同じものを導き出したからと言って、波による説明の方が正しいとはなかなか思えなかったことだろう。

1.10　電子は粒々なのに波でいいのか

シュレーディンガーは波動のイメージを使って水素原子のスペクトルを説明することに成功した。彼はその結果を大変喜び、波動関数は電子そのものを表しているのではないかという考え方を強めて行ったのであった。

しかし電子が粒子であることは疑いようのない事実であるようにも思われる。

ミリカンは油の霧の粒をごくわずかに帯電させたものを外部から電場を掛けて重力と空気抵抗とに釣り合わせることで等速運動で落下させ、その様子を顕微鏡で観察することで電荷の量を測った。それは必ずある量の整数倍になっているのだった。電荷の最小値の発見である。電荷はある一定量を持った粒でできているのを確かに確認した！ これは量子力学が生まれる少し前、1913 年のことである。

また、 J. J. トムソンは陰極管の中で電場によって加速された電子が磁場によって曲げられる運動の様子から、電子の持つ電荷と質量の比を測定したのだった。こちらは 1897 年頃、量子力学が生まれるよりずっと前である。

これら二つの事実から、電子は確かに、どれも同じ質量を持つ、1 個、2 個、と数えられるような存在であることが分かるのである。とても小さなゴマ粒か砂粒みたいなもの以外、どんなイメージを持ったらいいというのだろう？ 我々は確かに粒子としての電子の存在を知っているのだ。

そのような粒であるはずの電子の振る舞いが、シュレーディンガー方程式では波として説明されるというのである。どうやって二つのイメージを両立したら良いのだろうか？

物質が波のように広がってあらゆる場所に存在していると考えるのには不都合がある。電子を蛍光板にぶつける実験では、ぶつかった一点のみが光るからだ。小さな穴を通った電子は回折を起こす波のように広がり、蛍光スクリーンにぶつかるまでは多分どこかにあるはずだが、どこで見つかるかは分からない。そして、必ずどこか一点で見つかるのであり、波のようにぼんやりと全体的に反応するわけではない。

そこでこの波動関数の絶対値の 2 乗は「粒子をそこに見出す確率を表すのだ」と解釈することで落ち着いた。

これは受け入れるしかない事実だと前に書いたが、なぜ 2 乗なのか、という点については全く説明の付かないようなことでもない。もともと波動関数は電磁波からの類推で導かれた概念であった。電磁波の振幅は電場や磁場の強さを表しているが、これらを 2 乗した量はエネルギーを意味している。電磁波に限らず、多くの場合、波の振幅の 2 乗は波のエネルギーを表すと考えられる状況になっているものだ。例えば力学の場合、正弦波が生じるためには変位に比例した復元力が働いているはずであり、その復元力を振幅の変位分だけ積分すればエネルギーを表すことになるが、この計算が振幅の 2 乗に比例するという結果となっている。相対論によればエネルギーはすなわち質量であり、振幅の 2 乗が物体の存在する量を表すと考えるのはごく自然な発想だとも言えるわけだ。

さて、困った。冒頭では偉そうに「光や物質というのは粒子でも波でもない」と書いていたくせに、やはりこの本でも、本当は粒子なのか波なのかという問題にぶつかってしまった。しかしこの段階でこれ以上考えても時間の無駄なので、しばらくは触れないでおくことにしよう。このまま「確率解釈」を受け入れて話を進めることにする。シュレーディンガー方程式が教えてくれるものをひと通り見てから、最後の章でもう一度、少しだけ考えることにしよう。

二重スリットの実験

高校物理では「ヤングの実験」というのを習うと思う。光が波であることを示した古い有名な実験だ (1805 年)。光を遮る板に狭い二つの隙間を開けておく。一方の隙間を通った光と他方の隙間を通った光がそれぞれ波として伝わり、お互いに干渉を起こすので、その結果として遠くの壁に縞々の干渉模様を映し出す。

しかし光がもし粒だとするとどうだろう？ 光源をどんどん暗くしていくと、一度に一粒しか光が飛んで行かない状況を作り出せるはずだ。それでも干渉は起きるのだろうか？ 壁にフィルムを置いて長時間露光してやれば結果が見られる気がする。

言うのは簡単だが、実際に行うのは大変に難しい。光が弱すぎて、十分な像が得られるのに時間が掛かり過ぎるからだ。

単一の光子を使う実験は難しかったので、代わりに電子を使う実験の方が先に実現したのだった。1960 年代には電子線を使ったヤングの実験がようやく実現したが、一度に単一の電子だけを飛ばして行う実験は 1970 年代に入ってからのことである。単一光子での検証もこの頃に様々な工夫を凝らして行われたが、分かりやすい単純な形での実験は 1980 年代に入ってから実現した。

確かに単一の光子でも、単一の電子でも干渉が起こることが確かめられた。しかしそのことは実験で確かめられる前に確信されていたことであった。古い教科書でさえ、すでに実験したかのようにこの話を例にして堂々と書かれていたりする。

要するに、この実験は長い間、単なる思考実験に過ぎなくて、量子力学はこの実験結果を待つことなく完成したし、量子力学の古い有名な教科書もこの実験結果を確かめる前に書かれたのである。これらは量子力学の正しさを再確認する実験だったと言えるだろう。

第2章　複素数の性質

2.1　虚数は存在しない数か

量子力学では複素数の波が本質的な役割を果たす。しかしこのことを受け容れるのには大きな抵抗を感じるのではないだろうか。何と言っても複素数はイメージしにくい。

複素数を表すときには虚数単位 i というものが使われている。それは「同じ数どうしを掛け合わせた結果が -1 になるような数」のことであった。この i というのは imaginary number の頭文字であり、それは「想像の上だけの数」というニュアンスである。それを日本語に訳した「虚数」という言葉も「虚ろな数」であって、どちらからも「実際には存在しない数」というニュアンスが強く感じられる。まずはこのようなイメージを振り払う必要がある。

ところで、我々がすでに当たり前のように使っている「負の数」というものがある。数学の歴史を振り返ると、これも当初は「存在しない数」だと考えられ、本当に使ってもいいものなのかという心理的な抵抗を振り払うのにかなり苦労したようである。それでもやがて色々な概念が便利に説明できることが示され、徐々に受け容れられていったのだった。

では複素数もごく自然な数として受け容れることができるだろうか。我々は「負の数」を受け容れ始めた頃と同じような節目を経験しているところなのかもしれない。いや、数学の世界では複素数の概念はもうとっくの昔に受け容れられていて、当然のものとして扱われているのだ。しかし今やそれが数学の論理の上だけのことではなくなりつつある。量子力学は我々の日常に近付いてきており、複素数はその性質を表すのに欠かせないものだからである。

それでも我々が複素数というものを直接経験することはない。我々が何かの実験をして得ることのできる測定値はなぜか全て実数値なのである。これはとても不思議なことなのだが、当たり前のことでもある。測定値を得るためには計器の目盛り、定規の目盛り、時計の目盛りを読んで、そこから値を拾う必要があるからだ。物理法則の中に出てくる複素数と、測定で得られる実数の値を結びつける手続きが必要だ。それが確率解釈であり、詳しくは第4章で話すことにしよう。

さて、量子力学がうまく自然現象を説明できることからして、**どうやら自然界のルールは複素数を使った論理で書かれているようだ**。この世は我々が見たり触ったりして感じるものだけが全てではないということらしい。我々が複素数を偽物の数だと感じてしまうのはそれを使ったルールにまだ慣れ親しんでいないというだけのことであろう。

「負の数」について言えば、それは存在するのだろうか？ それはどこに、どうやって？ それは論理の世界の中だけにあるものである。それでも「それはある」と言う人がいるかも知れない。多分そういう人は「負の数」を使った論理を当てはめることのできる生活の中の実例の数々をやすやすと思い浮かべることができるために錯覚しているに過ぎないのだ。量子の世界の振る舞いを生き生きと思い浮かべることができるようになったとき、複素数もまた、あたかもこの世に存在するかのように感じられることだろう。

自然界は確かに複素数の論理を使っている。

2.2　加減乗除

この章で話すのは複素数についての基礎的なことばかりだが、どれも重要なので残さず注意して聞いて欲しい。私はここまで、読者は複素数についてのある程度の知識があるものだと想定して話してきたわけだが、こうやってまとめて話すのだから、念のため基礎の基礎から話し始めたいと思う。

複素数 x は数の一種である。x は虚数単位 i を使って

$$x = a + bi$$

のように表される。a と b は実数だ。a を「**実部**」と呼び、b を「**虚部**」と呼ぶ。このように複数の成分を持つことから「複素数」と呼ばれるのだが、

x はこれで一つの数値なのである。実部を含まない場合、つまり $a=0$ かつ $b \neq 0$ の場合の x を「**純虚数**」と呼ぶ。x の実部 (Real Part) を表すときには $\mathrm{Re}(x)$ という表現を使うことがある。x の虚部 (Imaginary Part) を表すときには $\mathrm{Im}(x)$ という表現を使うことがある。

これから複素数どうしの間の基本的な計算、つまり加減乗除の方法を説明しよう。そのために、$x = a + b\,i$ の他に

$$y \;=\; c \;+\; d\,i$$

という数値を用意する。まずは足し算から。それぞれの実部どうし、虚部どうしを足し合わせればいい。

$$x + y \;=\; (a + c) \;+\; (b + d)\,i$$

引き算は書く必要もないだろう。c や d にマイナスを付けたものについての足し算だと考えればいいだけだ。

掛け算は $i \times i = -1$ であることさえ考えれば、普通に展開して計算できる。

$$\begin{aligned} xy &= (a + b\,i)(c + d\,i) \\ &= ac \;+\; ad\,i \;+\; bc\,i \;+\; (bi)(di) \\ &= (ac - bd) \;+\; (ad + bc)\,i \end{aligned}$$

難しいところなしだ。こんなものを公式として暗記する必要はない。

残るは割り算だが、どう考えたらいいのかとちょっと首をひねることになるかも知れない。しかし一度知ってしまえば簡単だ。分子と分母に同じ数を掛けても良いということを利用して、分母を実数にしてしまえばいい。

$$\begin{aligned} \frac{x}{y} &= \frac{a + b\,i}{c + d\,i} \\ &= \frac{(a + b\,i)(c - d\,i)}{(c + d\,i)(c - d\,i)} \\ &= \frac{(ac + bd) + (bc - ad)\,i}{c^2 + d^2} \end{aligned}$$

これもわざわざ公式のように覚えるようなものではない。考え方さえ頭の隅にあれば、必要なときにすぐに計算できるだろう。

2.3　複素平面

このように複数の成分を持つ数というのは、もはや数直線の上に並べて視覚的に理解することができない。そこで、軸を増やして平面の上に表そうということになった。横軸で実部を表し、縦軸で虚部を表すことにする。横軸を「**実軸**」と呼び、縦軸を「**虚軸**」と呼ぶ。

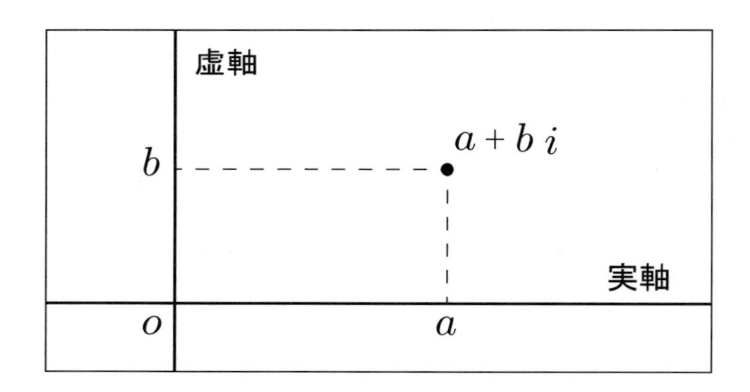

複素数とは平面上の点で表される数値なのである。このような平面を「**複素平面**」あるいは「**ガウス平面**」と呼ぶ。

このように表すことで複素数の振る舞いが非常に分かりやすくなるのである。スムーズな理解のために、まずは幾つかの用語を定義することから始めよう。

複素数値を平面上の点として表すと言ったが、点の位置を指定するためにちょっと変わった方法を使うこともできる。複素平面の原点から複素数 x を表す点まで矢印を引いて、ベクトルのように表してみる。

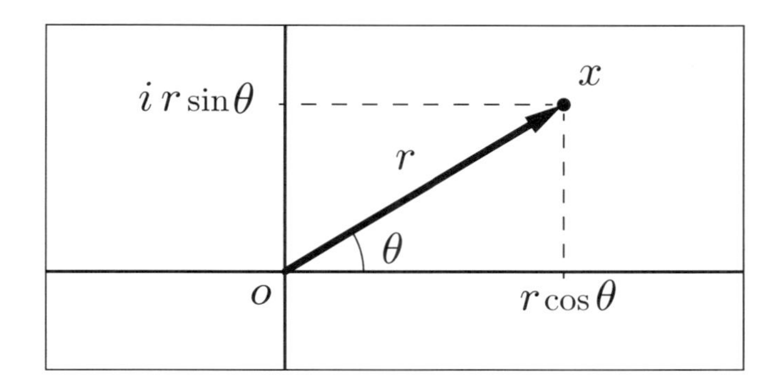

このとき、この矢印の長さを r とし、この矢印の実軸からの角度を θ で表す。反時計回りの角度がプラスであり、時計回りをマイナスとする。r と θ を指定することで、ただひとつの複素数値を決定することができる。まさに極座標のようなものだ。複素数 x は次のように表すことができるだろう。

$$x \;=\; r\cos\theta \;+\; i\,r\sin\theta$$

r のことを複素数 x の「**絶対値**」と呼び、$|x|$ のように表すこともある。絶対値というのは実数のときにも原点からの距離を表していた。同じ考えを複素数にまで拡張したのである。$x = a + bi$ だとすると $|x|$ は次のように計算できるだろう。

$$|x| \;=\; \sqrt{a^2 + b^2}$$

また、θ のことを複素数 x の「**偏角**」と呼び、時には $\arg(x)$ と表すこともある。

2.4　積の図形的意味

二つの複素数値 x と y を絶対値と偏角を使って表してみる。

$$x \;=\; r_1\cos\theta_1 \;+\; i\,r_1\sin\theta_1$$
$$y \;=\; r_2\cos\theta_2 \;+\; i\,r_2\sin\theta_2$$

そしてこれらの積を計算してみよう。

$$
\begin{aligned}
xy &= r_1 r_2(\cos\theta_1 \ + \ i\sin\theta_1)(\cos\theta_2 \ + \ i\sin\theta_2) \\
&= r_1 r_2\Big[(\cos\theta_1\cos\theta_2 - \sin\theta_1\sin\theta_2) \ + \ i(\cos\theta_1\sin\theta_2 + \sin\theta_1\cos\theta_2)\Big] \\
&= r_1 r_2\Big[\cos(\theta_1 + \theta_2) \ + \ i\sin(\theta_1 + \theta_2)\Big]
\end{aligned}
$$

三角関数の加法定理を使ってまとめた。とてもシンプルな結果だ。ちゃんと実部に cos 関数が、虚部に sin 関数が来ていて、掛ける前のそれぞれの複素数値と同じ形式になっている。これがどういうことかというと、積の結果の複素数値 xy を複素平面上に表してやると、その絶対値 $|xy|$ は二つの複素数値の絶対値の積 $r_1 r_2$ になっており、その偏角 $\arg(xy)$ は二つの複素数値の偏角の和 $\theta_1 + \theta_2$ になっている、ということだ。積の計算結果が図形的に非常にイメージしやすいものになっている！

今の話を短くまとめ直しておこう。上で x や y を使って説明したので、考えをリセットするために複素数 z という表現を使って書いてみることにする。

複素数を掛けることの意味

複素平面上のある数値に複素数 z を掛けるというのは、その数値の絶対値に絶対値 $|z|$ を掛け、偏角 $\arg(z)$ の分だけその数値を複素平面上で回転させるという意味を持つ。

例えば虚数 i を掛けるというのは、複素平面上にある数値を 90° だけ回転した位置に移動させるという意味を持つし、さらに i を掛ければ -1、すなわちこれは 180° 回転した場所に移動させるという意味になる。さらに i を掛ければ $-i$、すなわち 270° の回転。そしてもう一度 i を掛ければ 1 に戻る。これは 360° 回転して元に戻るということだ。

マイナスとマイナスを掛けるとプラスになるのが理解できない、と言っている人に時々出会うことがあるが、私の経験上、このイメージを利用して説明してやると納得してくれる率が高い。こんな具合に話す。「マイナスを掛けるというのは、数直線上で方向をひっくり返すという意味なんだ。

だからマイナスにもう一回マイナスを掛けるとプラスに戻るってわけさ」

複素数を平面上に表すというアイデアは人為的な小細工かも知れない。しかし複素数の積が持っているこの性質は、この表示上の工夫をするか否かに関係なく元から備わっていたものである。複素平面での表示は、それなしには見えにくかった性質を人間に分かりやすい形で示してくれているのである。

2.5 複素共役

複素数 x の虚部の符号だけを変えたものを x の「**複素共役**」と呼び、物理学者の多くは x^* という記号で表す。一方、数学者は上にバーを付けた $\bar{x}$ という記号を使うことの方が多い。ここでは物理のための数学を説明しているので物理流のやり方で行こう。

$$\begin{aligned} x &= a + bi \\ x^* &= a - bi \end{aligned}$$

こんなどうってことないものにわざわざ名前を付けて記号まで用意してやるのはなぜかというと、色々と便利な使い道があるからである。どのように便利なのかを今のうちから一言で説明することは難しい。とにかく、複素数を応用的に使うようになると色んな場面で出てくることになるだろう。

ここでは便利さの一例だけを紹介しておこう。複素数 x とその複素共役 x^* を足し合わせると何になるか？ 答えは $2a$ だ。だから複素数 x の実部だけを取り出して計算に使いたいとき、次の右辺のような表現が使われることがある。

$$\mathrm{Re}(x) = \frac{x + x^*}{2}$$

あるいは複雑な式変形をした末にこの式の右辺のような形が出てきた場合、「なぁんだ、それが意味するのは x の実部のことじゃないか！」と分かって、途端にイメージしやすくなったりするわけだ。

同じように、虚部だけを取り出したいときには次の右辺のようにするといい。

$$\mathrm{Im}(x) = \frac{x - x^*}{2i}$$

他に次のような関係も成り立っている。

$$\begin{aligned} xx^* &= (a+bi)(a-bi) \\ &= a^2-(bi)^2 \\ &= a^2+b^2 \\ &= |x|^2 \end{aligned}$$

複素共役との積を計算すると、絶対値の 2 乗になるというわけだ。さっきの「積の図形的意味」をあてはめて考えればそれほど不思議なことでもないだろう。

こういうことを説明しているうちに、これくらいは知っておいた方がいいかな、という関係が他にも幾つかあるのを思い出した。

$$\begin{aligned} (x^*)^* &= x \\ (x+y)^* &= x^*+y^* \\ (xy)^* &= x^*y^* \\ \left(\frac{1}{x}\right)^* &= \frac{1}{x^*} \end{aligned}$$

今こんなものを並べて示されても、必要性が感じられないので退屈かも知れない。しかし勉強を続けていれば近いうちに必ず使うときが来るから、暇なときにでも自力で「確かにこうなる」ということを確認しておいてほしい。いや、これくらいは今すぐにでも確認できるはずだ。何となく覚えておいて、そのときが来たら思い出してくれればいいだろう。

2.6　テイラー展開

複素数とは直接は関係ないが、テイラー展開という技法はよく使うものだし、この後の話でも何度も出てくるので、この場を借りてごく簡単に説明しておこう。テイラー展開とはある関数 $f(x)$ を x の冪級数の形で表して近似するテクニックである。細かな注意点は後にして、まず式から書いてしまおう。

$$
\begin{aligned}
f(x) &= f(x_0) + f'(x_0)(x - x_0) \\
&\quad + \frac{1}{2!}f''(x_0)(x - x_0)^2 + \frac{1}{3!}f'''(x_0)(x - x_0)^3 + \cdots \qquad (1)
\end{aligned}
$$

ちょっと複雑に見えるかも知れないが、説明を加えればすぐに意味をつかんでもらえるだろう。

自分はある点 x_0 における関数 $f(x)$ の振る舞いについてはよく知っているとする。この (1) 式の右辺には $f(x_0)$ やら $f'(x_0)$ やら $f''(x_0)$ やらが出ているだろう。これらは全て x_0 での値である。つまり x_0 におけるこの関数の値 $f(x_0)$、この関数のグラフの傾きの値 $f'(x_0)$、2 階微分の値 $f''(x_0)$、3 階微分の値 $f'''(x_0)$、……、そういった情報はみんな持っているのだとする。

それらの「溢れんばかりの情報」を使って、x_0 からわずかに離れた x 地点での関数の値 $f(x)$ を言い当てることができるか、というのが与えられたテーマである。さあ、このような「直接的ではない情報」をどう活用したらいいのか？ なんと、(1) 式の右辺のように計算すれば、それができるというのである。

x と x_0 との間のわずかな距離は $x - x_0$ と表せるが、これは (1) 式の右辺に $(x - x_0)$ や $(x - x_0)^2$ や $(x - x_0)^3$ という形で何度も出てきている。そうやって落ち着いて考えれば、実に単純な式だと言えるだろう。1 の階乗は 1 だし、0 の階乗も 1 だということを思い出せば、右辺の全ての項が全く同じパターンでできていることが分かる。次のようにまとめて表せるということだ。

$$
f(x) = \sum_{n=0}^{\infty} \frac{1}{n!} f^{(n)}(x_0)(x - x_0)^n
$$

これでもう式の形については忘れることはないに違いない。

このような具合にして、関数 $f(x)$ を多数の項の和に展開して表すことができる。これを「**x_0 の周りでのテイラー展開**」と呼ぶ。

もし x_0 として 0 を選んだならば、この式はずっと簡単になるだろう。

$$
f(x) = f(0) + f'(0)\,x + \frac{1}{2!}f''(0)\,x^2 + \frac{1}{3!}f'''(0)\,x^3 + \cdots
$$

このような「原点の周りでのテイラー展開」のことを「**マクローリン展開**」と呼ぶことがある。

(1) 式をどのようにして思いつくことができるのかという説明は面倒だが、(1) 式が成り立っているらしいということを納得してもらうのは簡単である。(1) 式の両辺を微分してみてほしい。右辺にある $f(x_0)$ や $f'(x_0)$ や $f''(x_0)$ などには定数 x_0 が代入されているので、もはや x の関数ではない。これらは定数だとみなして構わないのだから計算は楽なものである。

$$f'(x) \;=\; f'(x_0) \;+\; f''(x_0)\,(x-x_0) \;+\; \frac{1}{2!}f'''(x_0)\,(x-x_0)^2 \;+\; \cdots \tag{2}$$

ははぁ。全体が一段下がってきただけで (1) 式と全く似た形になっているではないか。この両辺にある x に x_0 を代入すれば、$(x-x_0)$ や $(x-x_0)^2$ やそういったものは全て 0 なので消えてしまって $f'(x_0)=f'(x_0)$ という式に落ち着く。つまり矛盾はないということだ。これが確認できたら、次は (2) 式に対して同じことを繰り返してみよう。両辺を微分するのである。

$$f''(x) \;=\; f''(x_0) \;+\; f'''(x_0)\,(x-x_0) \;+\; \frac{1}{2!}f''''(x_0)\,(x-x_0)^2 \;+\; \cdots \tag{3}$$

何度やっても同じ形だ。(3) 式の両辺に x_0 を代入したときにも $f''(x_0)=f''(x_0)$ という形に落ち着き、やはり矛盾が起こらない。そうなるようにできているのである。

2.7　オイラーの公式

テイラー展開の公式だけ見せられると何やら難しいと感じるかもしれないが、実際に使うとそうでもない。幾つかの例を見てもらうことにしよう。例えば $\cos x$ という関数を原点の周りでテイラー展開すると、次のように表せる。

$$\cos x \;= 1 \;-\; \frac{1}{2!}x^2 \;+\; \frac{1}{4!}x^4 \;-\; \frac{1}{6!}x^6 \;+\; \cdots$$

とてもシンプルで、規則性が美しい。これは前節の公式に当てはめて計算しただけだ。原点の周りでのテイラー展開だから、これを特別にマクローリン展開と呼んでもいいのである。では、同じように $\sin x$ をマクローリン展開してやろう。

$$\sin x = x - \frac{1}{3!}x^3 + \frac{1}{5!}x^5 - \frac{1}{7!}x^7 + \cdots$$

通常、マクローリン展開というのは x の値が $x=0$ にごく近い場合にだけで成り立っていると考えるのが安全だが、関数によっては x の値が $x=0$ からどれだけ離れていても成り立っていたりする。その判定法の秘密について話すのも楽しいのだが、量子力学から離れて行ってしまうので数学の教科書に任せたい。今の二つの例は、いずれも x が幾つであっても成り立つのである。

さらに e^x という関数のマクローリン展開も、x が幾つであっても成り立つ例である。

$$e^x = 1 + x + \frac{1}{2!}x^2 + \frac{1}{3!}x^3 + \frac{1}{4!}x^4 + \cdots$$

これら三つの展開式にはどこか似たような規則性があり、何かお互いに関係がありそうだ。$\cos x$ と $\sin x$ を足すと e^x になりそうな雰囲気がなくもないが、符号が合わなかったりする。

実はこれらを結び付けるうまい方法がある。e^x の展開の式に $x = i\theta$ を代入してみよう。すると次のようになる。

$$\begin{aligned} e^{i\theta} = & \ 1 + i\theta - \frac{1}{2!}\theta^2 - \frac{i}{3!}\theta^3 + \frac{1}{4!}\theta^4 \\ & + \frac{i}{5!}\theta^5 - \frac{1}{6!}\theta^6 - \frac{i}{7!}\theta^7 + \cdots \end{aligned}$$

これは i の付いている項と付いていない項に分けて次のようにまとめられるのではなかろうか。

$$\begin{aligned} e^{i\theta} = & \left(1 - \frac{1}{2!}\theta^2 + \frac{1}{4!}\theta^4 - \frac{1}{6!}\theta^6 + \cdots\right) \\ & + i\left(\theta - \frac{1}{3!}\theta^3 + \frac{1}{5!}\theta^5 - \frac{1}{7!}\theta^7 + \cdots\right) \end{aligned}$$

これらの括弧の中身はそれぞれ $\cos x$ と $\sin x$ のマクローリン展開と同じものだ！それで次のように書き換えることができる。

$$e^{i\theta} = \cos\theta + i\sin\theta$$

こうして出来たものが「**オイラーの公式**」というわけである。この公式は第1章でも使ったのだった。

これは複素数値 $e^{i\theta}$ の実部が $\cos\theta$ であり、虚部が $\sin\theta$ だということだから、少し前に説明した実部や虚部を取り出すやり方を使えば、次のような関係が成り立っていることも言えるだろう。

$$\cos\theta \; = \; \frac{e^{i\theta}+e^{-i\theta}}{2} \quad , \quad \sin\theta \; = \; \frac{e^{i\theta}-e^{-i\theta}}{2i}$$

後で出てくるので、そのときには思い出して欲しい。

2.8　複素数の極形式表示

前に複素数 x は次のように表すことができると説明したのだった。

$$x \; = \; r\cos\theta \; + \; ir\sin\theta$$

これはオイラーの公式によく似た形をしている。オイラーの公式を当てはめてこの右辺を書き直してやろう。

$$x \; = \; r\,e^{i\theta}$$

つまり、絶対値が r で、偏角が θ であるような複素数 x は $r\,e^{i\theta}$ のように表しても良いということになるだろう。このような表し方を「**極形式表示**」と呼ぶ。

2.9　波動関数の位相の変化

これで複素数の基礎をほとんど話し終えたので、そろそろ物理の話に戻る準備をし始めよう。シュレーディンガー方程式を解くために変数分離法を使ったときのことを思い出してほしい。時間に依存する部分の解は $e^{-i\omega t}$ と表されており、時間に依存しない方程式を解いた後に、この $e^{-i\omega t}$ を掛けることで本当の解になるのだった。この $e^{-i\omega t}$ は複素数である。$e^{i\theta}$ の θ

が $-\omega t$ に置き換わっただけであり、$\theta = -\omega t$、つまり時間の経過とともに θ が変化するだけのことだ。この絶対値は 1 である。

$$|e^{-i\omega t}| = 1$$

この時間依存部分を掛けたところで波動関数の絶対値には何の影響も与えないが、波動関数の複素数値の偏角、つまり波動関数の位相だけを時々刻々と変化させるのである。

つまり、複素数である波動関数の値は、時間の経過とともに複素平面上をぐるぐると回るような変化をすることになるのだ。エネルギーが高いほど高速で回転することになる。しかし絶対値には何の変化もないのだから、存在確率に対してはまるで影響がない。これは多くの教科書などで「位相だけが変化する」といった感じに表現される。複素数の振る舞いについてよく分かっていないとなかなか理解し辛い部分である。

複素数は言わば大きさと方向を持った量である。しかしその方向というのは複素平面内での方向であって、現実の空間の方向とはまるで関係ない。値が複素平面の中で回転しているのである。

ここで簡単な例としてシュレーディンガー方程式で $V(x) = 0$ の場合、つまり粒子が何の影響も受けることなく自由に進む場合を考えてみよう。時間に依存しないシュレーディンガー方程式は次のようになる。

$$-\frac{\hbar^2}{2m}\frac{\partial^2\psi}{\partial x^2} = E\,\psi$$

この方程式の解は次のようになる。

$$\psi(x) = A\,e^{ikx} \quad , \quad \text{ただし } k = \pm\frac{\sqrt{2mE}}{\hbar}$$

このときの E の値は正であれば幾つであってもいい。このように、エネルギーはいつでも飛び飛びの値になるわけではない。「ミクロの世界ではエネルギーは飛び飛びの値を取る」などと説明されることが多いわけだが、必ずしもそうではないことを覚えておいて欲しい。ポテンシャルエネルギー $V(x)$ によって粒子が狭い範囲に束縛されると飛び飛びの値を取るようになるのであるが、それは次章で見ることにしよう。

この解に時間変化を記述する因子 $e^{-i\omega t}$ を掛けてやれば、時間変化に応じてどう振る舞うかが分かる。

$$\psi(x,t) \;=\; Ae^{i(kx-\omega t)}$$

そろそろ毎回言うのをやめてもいいかとも思うのだが、ω というのは量子力学ではエネルギー E と同じ意味でもあり、$E = \hbar\omega$ という関係になっている。

さて、この $\psi(x,t)$ の式はどんなイメージのものだろうか。ただのグラフには表せない。x 軸上に並んだ複素数値が複素平面でぐるぐる回る。螺旋状のものが x 軸上を正の方向に進むかのように振る舞うのである。

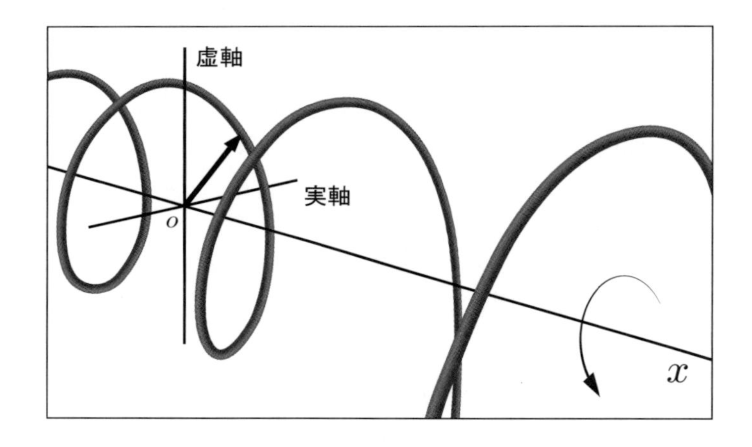

まるで床屋の回転サインポールのように、螺旋がその場で回転しているだけなのに、あたかも移動して見える様子に似ている。この波動関数の実数部分だけを見ていれば cos 波が進むようであり、虚数部分だけを見ていれば sin 波が進むようである。ところが絶対値は場所によらず常に一定であり、場所によって粒子の存在確率が高い部分と低い部分とができているわけではない。

場所によらず一定の存在確率でありながら、それが波のように進んでいるのである。こういう芸当は複素数でなければできないことだろう。

第3章　理解を助ける計算例

3.1　なぜ単純な問題を解くのか

この章ではごく簡単な例について、シュレーディンガー方程式を解いてみることにしよう。3次元ではなく、1次元に範囲を絞ることにする。1次元の問題が現実のどんな場面に当てはまるのかを説明するのは、少し専門的になるので難しい。

実際に粒子の移動する方向を一直線上だけに制限するような特殊な実験のセッティングがないこともない。一本の電線上を流れる電流はどうだろう？ いや、残念ながら当てはまらない。電子にとっては通常の電線は太すぎるからだ。もっとずっと細い、原子が一本の鎖のように長く繋がっているような上での電子の動きなどが1次元の問題に似ている。現実にはそういうものより、電子の運動が2次元面内に制限される場面の方が多い。薄膜技術の進歩によって、原子の単層膜内だけで電子が運動するような状況を考えることが増えてきた。

しかしこの章で計算しようとしているのはそういうものよりもずっと単純な、現実に当てはまるものがあるかどうかも分からないような問題ばかりである。

では何のためにわざわざ1次元の問題の計算例をここで紹介するのだろうか。一つの答えは「単にシュレーディンガー方程式を解くとはどういうことかを知るための数学の経験のため」というものだ。さらに「量子力学の考え方を理解するための助けになるから」だとも言える。いや、もっと実用的な意味もなくはない。3次元の問題を解くときに、変数分離法によって1次元の方程式に分解できるのをすでに見ただろう。それらの分解された式の一つが、これから考えるようなイメージに当てはまることがある。

だから「知っておいて損はない」とも言える。つまり、ある方向についてだけ考えれば1次元の問題を解いたときのイメージが当てはまる、という場面もあるのである。

しかしあまり期待されても困ってしまう。ここで紹介するのは本当に単純な、実用には程遠いようなものばかりだからだ。単純であるがゆえ、知ってないと恥ずかしいものばかりだとも言える。とりあえずはあまり現実的な意味は深く考えずにチャレンジしてみて欲しい。

3.2　井戸型ポテンシャル

ポテンシャル $V(x)$、つまり位置エネルギーが次のような形になっている場合を考えてみる。

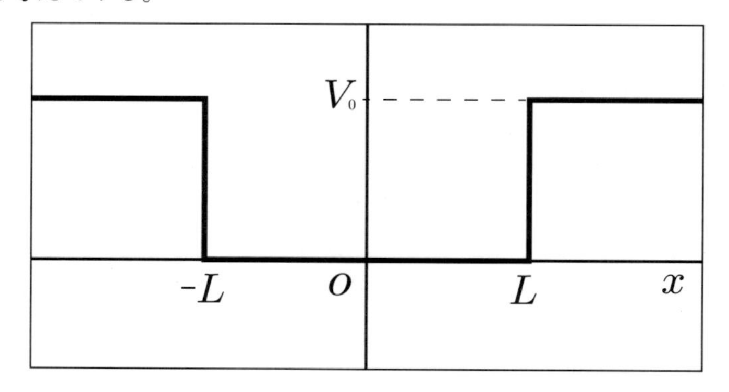

両脇にエネルギーの壁のようなものがあって、その高さは定数 V_0、中央の領域では0だ。式で表せば次のようになる。

$$V(x) \ = \begin{cases} V_0 & (x > L\ ,\ x < -L) \\ 0 & (-L \leqq x \leqq L) \end{cases}$$

なぜこんな現実的でない問題から考え始めるかと言えば、計算が楽だからである。ニュートン力学ではあまりこういう問題は考えないので面食らってしまうことであろう。普通の力学で考えるのは、位置エネルギーがもっと滑らかな坂のようになっているような問題ばかりだ。坂を登るボールは運動エネルギーを失いながら進み、ある高さまで到達すると運動エネルギーを完全に失ってしまい、それ以上先へは登って行けないのだった。

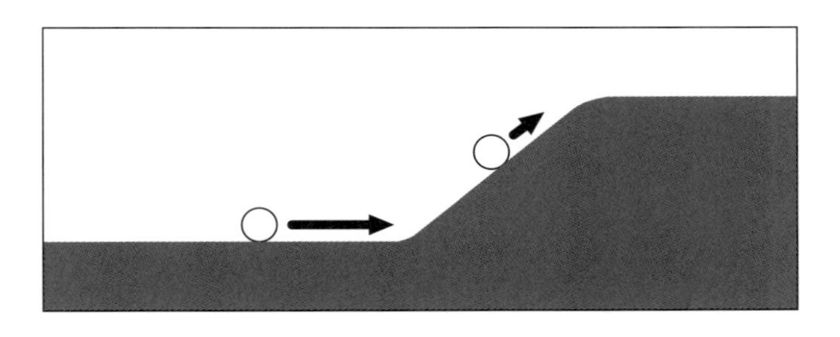

普通の力学で考えるのはそういうイメージの設問ばかりであって、断崖絶壁のようなエネルギーの壁を考えるのは現実的ではない。確かに現実的ではないわけだが、慣れ親しんだ状況から徐々にこの断崖絶壁の形へと近付ける考え方をすれば、粒子がこの壁に対してどう振る舞うかをニュートン力学的な考え方で推測することはできるだろう。次のように考えるのだ。

まず、水平な平面を転がり進む小さなボールが、あるところを境にして傾きが一定の坂を駆け上り始め、速度を落としながらもう少し高い別の平面へと進む状況を想像してみてほしい。最初に十分な運動エネルギーがあれば坂を登り切るが、足りなければある高さで引き返すことになる。次に、二つの平面の落差はそのままに、この「坂の区間」を少しだけ短くして、また同じことを考える。先ほどより坂は急になるが、ボールの速度が同じなら結果は変わらない。このように坂を徐々に急にしてやってもボールが最終的にどうなるかについては理論的には変わらないままだろう。

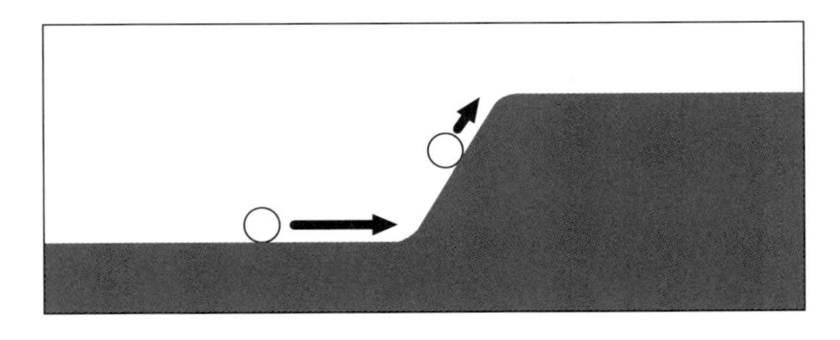

今から考えようとしている問題は、その坂の区間の長さを限りなく短くした、ひどく極端なものだと思って欲しい。十分な運動エネルギーがあれば、この壁を超える瞬間に運動エネルギーをガクンと失って、さらに先へ進むに違いない。もし運動エネルギーがこの壁を登るのに十分でなければ、途中で戻ってくるに違いない。つまり、エネルギーが十分に高ければ左右

どちらかへ行ったきりになるだろうが、壁を越えるのに十分なエネルギーを持たなければ、左右の坂の間を往復し続けるという結果になるだろう。しかしそれはニュートン力学の考え方であって、量子力学では少し違う結果が得られるのである。

時間に依存しないシュレーディンガー方程式を使う。壁に挟まれた領域では $V(x)=0$ なので、方程式は次のようになる。

$$-\frac{\hbar^2}{2m}\frac{\partial^2\psi}{\partial x^2} \;=\; E\psi$$

ほんの少し変形した方が分かりやすいかも知れない。

$$\frac{\partial^2\psi}{\partial x^2} \;=\; -\frac{2mE}{\hbar^2}\,\psi$$

この解は次のようになる。

$$\psi(x) \;=\; A\cos kx \;+\; B\sin kx \quad , \quad \text{ただし } k=\frac{\sqrt{2mE}}{\hbar}$$

なぜこうなるのか分からなければ代入して確かめてみればいい。

次に、壁の上の領域のことを考えよう。$V(x)=V_0$ なので方程式は次のようになる。

$$-\frac{\hbar^2}{2m}\frac{\partial^2\psi}{\partial x^2} \;=\; (E-V_0)\,\psi$$

ここで、話を簡単に済ませるために問題に少し条件を追加しよう。粒子の持つエネルギー E はポテンシャルの壁の高さ V_0 よりも低いとしておくのである。もし $E>V_0$ なら粒子はポテンシャルの壁を越えて行けることになるが、今回はそうではない場合についてだけ考えたいのである。こういう、ポテンシャルに捕らえられて粒子が自由に出て行けない状況を「**束縛状態**」と呼ぶ。壁を越えて行ける場合にどうなるかについては、後でもう少し設定を簡単にしたものについて論じたい。壁を片側だけにして考えた方が計算が楽だからである。というわけで、今回は右辺の $E-V_0$ の部分は負の値だということになる。分かりやすいように少し変形してみよう。

$$\frac{\partial^2\psi}{\partial x^2} \;=\; \frac{2m(V_0-E)}{\hbar^2}\,\psi$$

こうすれば右辺は正だ。この解は次のようになる。

$$\psi(x) \ = \ C\,e^{\pm k' x} \quad , \quad \text{ただし}\ k' = \frac{\sqrt{2m(V_0 - E)}}{\hbar}$$

プラスマイナスのどちらを選んでも解であるので、任意定数を二つ用意して次のように書いておくと良いだろう。

$$\psi(x) \ = \ C\,e^{k' x} \ + \ D\,e^{-k' x}$$

シュレーディンガー方程式の解としてはこれで全てなのだが、物理的にまともな結果になるように任意定数として許された部分を調節してやる必要がある。例えば、x の正の方向へと進むに従って $e^{k'x}$ は無限に大きくなってしまう。これは物理的には起こり得ない解だな、と考えて、$x > L$ の領域では $C = 0$ だということにしよう。同様に、x の負の方向へ進むと $e^{-k'x}$ が無限大になってしまうので、$x < -L$ の領域では $D = 0$ だとしておこう。それで次のような解になる。

$$\psi(x) \ = \ \begin{cases} D\,e^{-k'x} & (x > L) \\ A\cos kx + B\sin kx & (-L \leqq x \leqq L) \\ C\,e^{k'x} & (x < -L) \end{cases}$$

中央の領域では sin 関数と cos 関数の和になっているが、このままだと左右対称の波形にはなってくれない。ポテンシャルの形が左右対称なのだから、解も左右対称になるだろうという気がする。それで、中央領域の波形が sin 関数のみで表される場合と cos 関数のみで表される場合とに分けて考えてみることにしよう。そうした方が計算もずっと楽になる。それでも和の形で表されるような波形の解も存在するのではないかという疑いは残るだろう。しかしそのような解があるとすれば、それは別々に求めた結果を後で足し合わせてやれば得られるのではないだろうか。というわけで、分けて考えるということで方針は決まりだ。

ここまで任意定数として A, B, C, D を使ってきたが、実はそんなにも必要ないので問題を整理するために仕切り直そう。中央の領域を cos 関数で表した場合、両脇の指数関数も対称なので係数は同じになるだろう。

$$\psi(x) \;=\; \begin{cases} B\,e^{-k'x} & (x > L) \\ A\,\cos kx & (-L \leqq x \leqq L) \\ B\,e^{k'x} & (x < -L) \end{cases}$$

イメージとしては次の図のような感じだ。ポテンシャル図と重ねて描いてあるが、波動関数 $\psi(x)$ はポテンシャルとは別概念なので混同しないように気を付けてほしい。

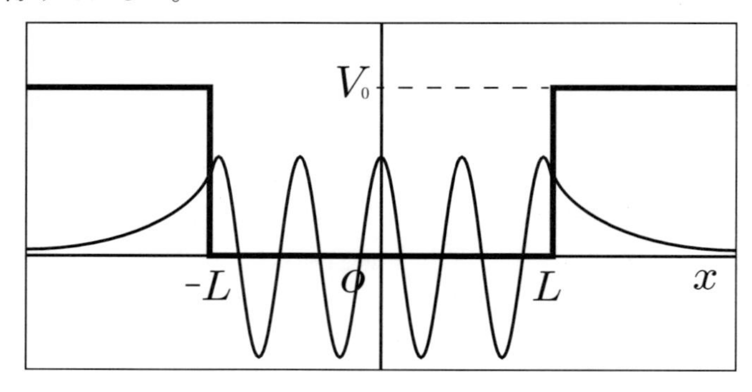

これはあくまでイメージであり、中央部分の波が何回上下に波打つかはまだはっきりしていない。それに、領域の境界部分で、三角関数と指数関数の曲線はこんなにうまく繋がってくれたりするものだろうか？ その為の条件はまさにこれから考えてやるのである。$x = L$ の地点で二つの曲線が繋がるためには次の条件を満たしていればいい。

$$A\cos kL \;=\; Be^{-k'L}$$

しかしただ連続になるというのでは十分ではなく、波動関数は至るところで「滑らか」に繋がっていてくれないといけない。なぜなら、波動関数を座標で偏微分したときに運動量の値が飛び出してくるのだったから、偏微分ができないような場所のある波動関数では粒子の運動量が議論できなくなってしまうからである。

重要

滑らかでない点のある波動関数は量子力学の理論にふさわしくない。

というわけで、三角関数と指数関数をそれぞれ 1 階微分して傾きを求めたものどうしが $x = L$ の地点で同じになっている必要がある。曲線の傾きが同じなら、滑らかに繋がっているというわけだ。

$$-k\,A\sin kL \;=\; -k'\,B\,e^{-k'L}$$

今は $x = L$ の地点で滑らかに繋がるという条件を考えたが、左右対称なので同じ条件で $x = -L$ の地点でも自動的に滑らかに繋がってくれるだろう。さて、こうして得られた二つの条件をどうやって料理してやるか。片方の式をもう一方の式で辺々割ってやると次のような単純な条件が得られる。

$$k\,\tan kL \;=\; k'$$

この段階で言えることがある。tan 関数は周期が π であり、その間に $-\infty$ から ∞ のあらゆる値を取るのだった。この条件式を $\tan kL = k'/k$ と書き換えると分かりやすいが、つまり、この右辺の k'/k が幾つであっても必ず何らかの kL の値が条件を満たしてくれることになるだろう。しかも kL が $0 < kL < \pi$ の区間内にあるときにも、$\pi < kL < 2\pi$ の区間内にあるときにも、$2\pi < kL < 3\pi$ の区間内にあるときにも、$3\pi < kL < 4\pi$ の区間内にあるときにも、どれだけ増えても必ずそれぞれの区間内で一つずつ、条件を満たす kL の値が存在しているのである。細かいことを言えば k'/k は正であるから、条件を満たす kL の値はそれぞれの区間の前半に存在していると言えるだろう。つまり解は一つきりではなく、無限に存在していることになる。いや、無限にあるとは言ったが、今は $E < V_0$ という条件のもとで考えているのであり、それによって k の値の上限は抑えられているし、kL の値だってそれによって制限されている。要するに、ポテンシャルの高さ V_0 が増えるほど解の個数も増えるというわけだ。

条件を満たす解が確かにありそうだということが分かった。つまり、前ページのイメージ図のように古典力学では到達し得ないような位置にまで波動関数の裾野が伸びていて、そのような場所で粒子が見出される可能性も 0 ではないということだ。また、壁に囲まれた領域内であっても、粒子が見出されやすい場所とそうでない場所があるようだ。これが量子力学と古典力学の大きな違いである。

では、条件を満たす k や k' の具体的な値を求める方法を考えてみよう。まだ分かりにくい印象があるので変数の置き換えをしてやる。$\alpha = kL$、$\beta = k'L$ と置けば、条件式は

$$\alpha \tan \alpha \;=\; \beta$$

と書けるだろう。さらに α と β の間には

$$\alpha^2 + \beta^2 \;=\; L^2 \frac{2mE + 2m(V_0 - E)}{\hbar^2} \;=\; L^2 \frac{2mV_0}{\hbar^2}$$

という関係があるので、

$$\gamma \;=\; \frac{\sqrt{2mV_0}}{\hbar} L$$

と置けば

$$\alpha^2 \;+\; \beta^2 \;=\; \gamma^2$$

と書ける。こうして未知数が α と β の二つに対し、条件式も二つになった。条件を組み合わせることで α だけの式を作ることもできるが、それを満たす α の値を調べるのが簡単になるわけでもない。そこで、グラフを描いて値を探すことにする。

α を横軸に、β を縦軸にして二つの条件式をグラフに表す。その交点が解である。条件の一方は円形のグラフだが、この半径は γ であり、V_0 が大きくなるほど大きくなる。V_0 が大きくなるほど交点の数が増えていくのが分かるだろう。

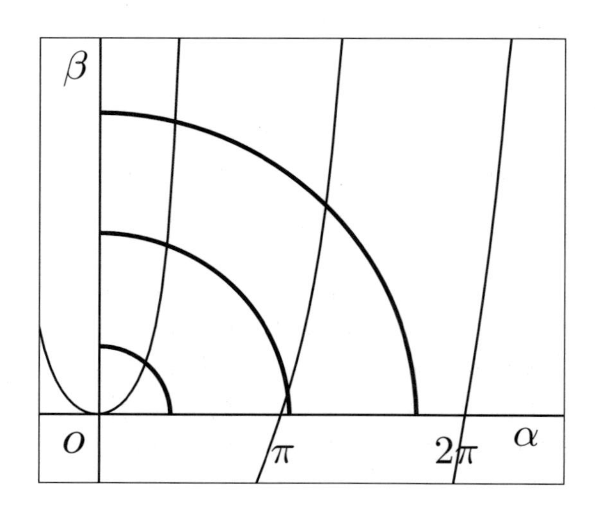

ここまでは中央の領域の波動関数が cos 関数になっている場合だった。次に sin 関数になっている場合を計算してみる。似たようなことをやるだけなので早足で行こう。

$$\psi(x) = \begin{cases} B\,e^{-k'x} & (x > L) \\ A\,\sin kx & (-L \leqq x \leqq L) \\ -B\,e^{k'x} & (x < -L) \end{cases}$$

このイメージを図にすると次のような感じになる。

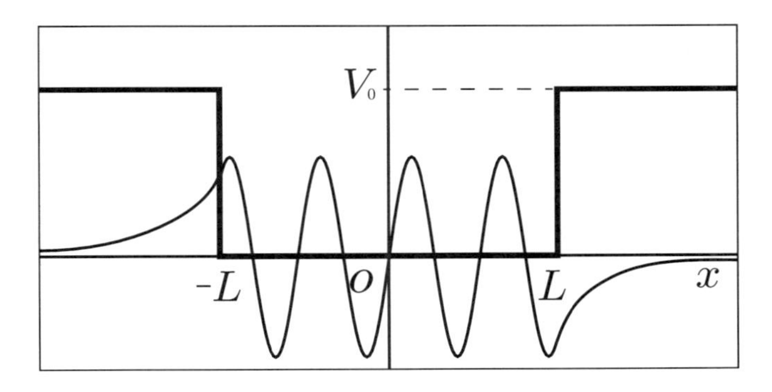

$x = L$ の地点で滑らかに繋がるための条件は

$$A\sin kL = Be^{-k'L} \quad , \quad k\,A\,\cos kL = -k'\,B\,e^{-k'L}$$

の二つであり、辺々割ってやると、

$$k\,\frac{1}{\tan kL} = -k'$$
$$\therefore\ \tan kL = -k/k'$$

これを先ほどと同じように変数の置き換えをしてやると、

$$\tan\alpha = -\alpha/\beta$$
$$\therefore \beta = -\alpha/\tan\alpha$$

となるので、先ほどのグラフの上に破線で重ね書きしてやろう。

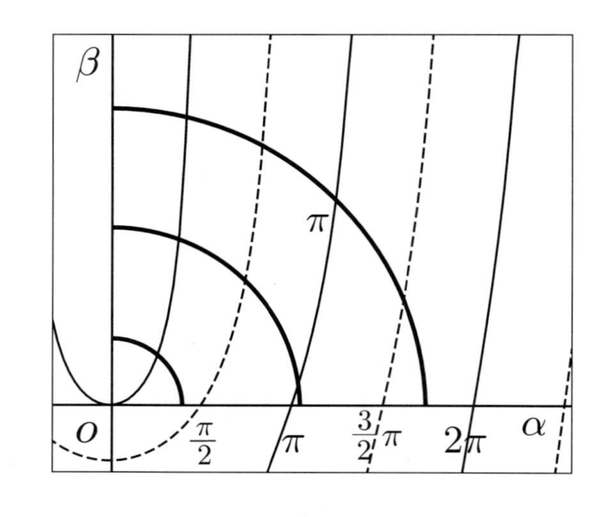

V_0がごく小さい間は交点は一つしかないことが分かる。そこからV_0を増やしてやると、円の半径が増えて破線とも交わることになる。V_0が増えるほど、中央の領域の波動関数がcos関数の場合とsin関数の場合とが交互に追加されて行くことになる。V_0の高さが増えるほど、存在が許される状態の数が増えていくわけだ。V_0がどんなに低くても、必ず一つは状態がある。

許されるエネルギーはグラフで求めたαを使って次のように表される。

$$k = \frac{\sqrt{2mE}}{\hbar} = \frac{\alpha}{L}$$

$$\therefore \frac{2mE}{\hbar^2} = \frac{\alpha^2}{L^2}$$

$$\therefore E = \frac{\hbar^2}{2mL^2}\alpha^2$$

え？ αがどんな値になるかについて、もっと具体的な数式を使って表せないのかって？ それはちょっと無理だ。今やったようにグラフを描いて値を求めるのが現実的である。

高校までの勉強で取り組むのは必ずすっきりした形の式が求まるような問題ばかりだっただろう。それはテストの採点に都合が良いからである。しかし現実の世界で出会うのはそれほど単純な問題ばかりではない。このことは、大学で学び始めた頃の私にとっては衝撃的なことだった。数式が万能だと勘違いしていたのである。

ところで、波動関数はどの程度まで壁の中へと「染み出して」行けるのだろうか？ 話は簡単だ。$x > L$ の領域での波動関数は $e^{-k'x}$ という形で表されているのだから、k' が大きいほど急激に減衰することになる。k' は次のように決まるのだった。

$$k' \;=\; \frac{\sqrt{2m(V_0 - E)}}{\hbar}$$

つまり壁の高さ V_0 が高いほど染み出しにくくなり、粒子のエネルギー E が高いほど染み出しやすくなると言えるわけだ。

これでこの問題についての大まかな説明は終わりである。ここで使ったのは「時間に依存しない方程式」だったので、実際の波動関数は $e^{-i\omega t}$ を掛けたものであることを忘れないで欲しい。

3.3 無限に深い井戸型ポテンシャル

さて、前節の問題の左右のポテンシャルの壁をどんどん高くしてやったら、結果はどうなるだろうか？ それが「無限に深い井戸型ポテンシャル」と呼ばれる問題だ。

実はこれは前節のような面倒な式変形を経由しなくてもすぐに解ける。しかも先ほどのようなグラフを使って求めるのとは違って、はっきりと数式で表された解が得られるのである。もちろん前節の結果を使って考えてやってもいいのだが、ここではその計算がいかに楽かを伝えたいので最初から考え直すことにしよう。

とても簡単だというので多くの入門書ではこれを真っ先に紹介していたりするわけだが、私はそれが気に入らなかったのでこうして後回しにしたのである。その理由は今に分かるだろう。

壁に挟まれた領域では $V = 0$ なので、方程式は次のようになる。

$$-\frac{\hbar^2}{2m}\frac{\partial^2 \psi}{\partial x^2} \;=\; E\,\psi$$

この解は次のようになる。

$$\psi(x) \;=\; A\cos kx \;+\; B\sin kx \quad , \quad ただし\ k = \frac{\sqrt{2mE}}{\hbar}$$

少々駆け足だが、ここまでは前節と同じだから大丈夫だろう。

さて、$x < -L$ と $x > L$ の領域ではポテンシャルの壁が無限に高いので粒子が存在し得ない。だから波動関数に $\psi(L) = 0$ と $\psi(-L) = 0$ という条件を課してやることにする。……なんてことを言われて素直に納得できるだろうか？

納得できるならそれでも構わない。しかし、量子力学というのはこれまでの常識とは異なる理論なのだから、ひょっとしたら無限大のエネルギーの壁の内部にだって少しばかり存在確率の波が染み出すことがあるかもしれないではないか！

そういうことを言われたときに前節での苦労が役に立つ。ポテンシャルの壁が高いほど染み出しは急激に減少することを我々はもう知っているから、壁が無限に高ければ染み出しは起こらないだろうと納得できるのである。

この条件を満たせるのは、sin 関数のときには次の図のような状況である。$\sin kx$ が $x = L$ の地点で 0 になるのだから、つまり N を整数だとして $kL = \pi N$ になる場合だ。

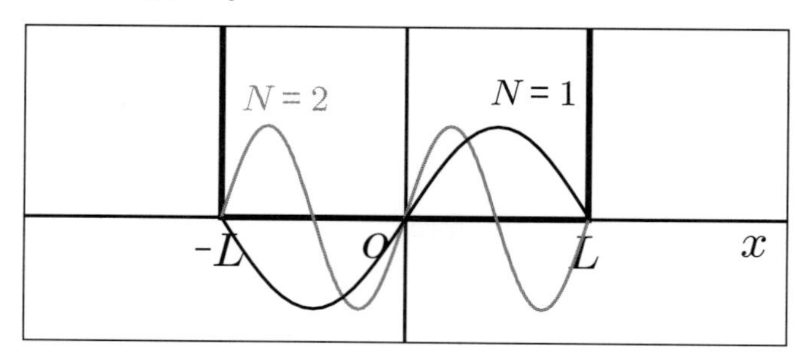

また cos 関数のときには次のようになる。$kL = \pi N + \pi/2 = \pi(N + \frac{1}{2})$ である。

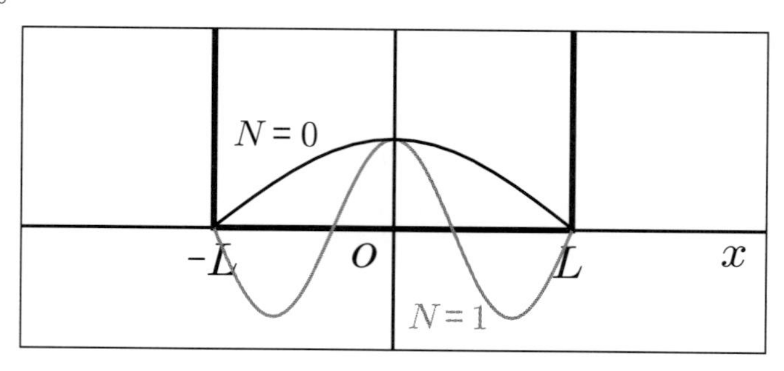

壁のところを境にして波動関数が滑らかには繋がっていないではないか、と思うかも知れないが、前節の問題を解いた人は、この境界部分には本来は「滑らかに急激に減少する指数関数」があって、今考えているのはその極限の話だと分かっているはずだ。無限大のポテンシャルというもの自体が無茶な設定なのだから、細かいことには目をつぶろうではないか。

二通りの状況を一つの式にまとめたければ、$kL = \pi n/2$ という関係になっていて、この整数 n が偶数なら sin 関数で、n が奇数なら cos 関数だと考えればいい。n は 0 でも良くて、正でも負でもいい。

存在を許される状態のエネルギーも簡単に求めることができる。

$$kL = \frac{\sqrt{2mE}}{\hbar}L \ = \ \frac{\pi n}{2}$$

$$\therefore \ \sqrt{2mE} \ = \ \frac{\hbar \pi n}{2L}$$

$$\therefore \ E \ = \ \frac{\hbar^2 \pi^2}{8mL^2}n^2$$

この「無限に深い井戸型ポテンシャル」の計算結果は、原子核の強力な核力に捕らえられた中性子の振る舞いを大雑把に説明することができる。核力というのは原子核から少し離れただけでほとんど力が働かなくなってしまう性質があるが、それは近寄ると急激に強い力が働くということでもある。その様子はまるで深い井戸に落ちるようであるが決して底なしではなく、原子核を構成する粒子どうしが互いを潰し合わない距離を保ったままでいられるのである。つまり、井戸の底では比較的自由なのだ。だから今回の問題設定は原子核の内部に捕らえられた中性子が置かれた状況によく似ていると言える。

さて、$\psi(x) = 0$ というのも今回の解の一つではあるのだが、これは粒子がどこにも存在していないということであり、意味が無いので除外しよう。粒子が存在する状態で最も低いエネルギーというのは、$n = 1$ のときの

$$E \ = \ \frac{\pi^2 \hbar^2}{8mL^2}$$

であり、決して 0 ではないということだ。このポテンシャルの井戸の底で、粒子はエネルギー 0 ではいられないのである。この L の値をどんどん小さくしてやったら状況はどう変わるだろうか。井戸の幅を狭くしてやって、粒

子を窮屈な空間に閉じ込めるということである。閉じ込めようとすればするほど、最低エネルギーは高くなることが分かるだろう。エネルギーが高いということは運動量も高いわけで、運動量と閉じ込め幅の関係で表すと次のようになる。

$$E = \frac{p^2}{2m} = \frac{\pi^2\hbar^2}{8mL^2}$$
$$\therefore\ p^2 = \frac{\pi^2\hbar^2}{4L^2}$$
$$\therefore\ pL = \frac{\pi\hbar}{2} = \frac{h}{2}$$

運動量 p と閉じ込め幅 L は反比例しているということが分かる。狭い空間にしっかり閉じ込めて粒子の位置をはっきりさせてやると運動量は大きくなり、位置をはっきりさせないと運動量は小さくなるということだ。これはかの有名な「不確定性関係」の現われの一例であるが、不確定性関係の説明としては正確ではない。余興の一つだと考えてほしい。

しかし原子核の大きさと、原子核から飛び出してくる放射線粒子のエネルギーはこのような関係を考えるとだいたい桁が合うわけで、バカにしたものでもないのである。

3.4　壁に向かう粒子

次はエネルギーがポテンシャルの壁よりも高い場合を考えよう。$E > V_0$ である。今回は大事な部分だけに集中するために次のように壁を一つだけにしておいて、座標の負の方向から正の方向へ粒子が向かって行ったときに、壁のところで何が起こるかを考える。

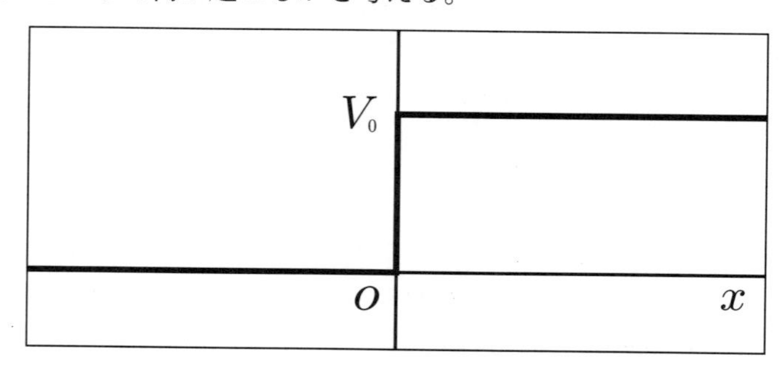

$x<0$ の領域では $V(x)=0$ なので、解くべき方程式は

$$-\frac{\hbar^2}{2m}\frac{\partial^2\psi}{\partial x^2} \ = \ E\,\psi$$

であり、この解は次のようになる。

$$\psi(x) \ = \ Ae^{ikx} \ + \ Be^{-ikx} \quad , \quad \text{ただし}\ k=\frac{\sqrt{2mE}}{\hbar}$$

はい、ここでちょっとストップ。先ほどまでの計算ではこれと全く同じ形の方程式の解は次のように表していたはずだ。

$$\psi(x) \ = \ A\cos kx \ + \ B\sin kx \quad , \quad \text{ただし}\ k=\frac{\sqrt{2mE}}{\hbar}$$

確かにどちらもこの方程式の解になっていることを確かめることができる。ではこれらの解はどう違うのだろう。いや、実はどちらも同じなのである。なぜなら一方から他方へと次のように変形できるからだ。

$$\begin{aligned}
&A\cos kx \ + \ B\sin kx \\
&\quad = A\frac{1}{2}\Big(e^{ikx}+e^{-ikx}\Big) \ + \ B\frac{1}{2i}\Big(e^{ikx}-e^{-ikx}\Big) \\
&\quad = \frac{A-Bi}{2}\,e^{ikx} \ + \ \frac{A+Bi}{2}\,e^{-ikx} \\
&\quad = A'\,e^{ikx} \ + \ B'\,e^{-ikx}
\end{aligned}$$

A も B も任意定数であってそれが複素数でもいいのだった。だから、どちらの形でも、計算に都合のいい方を選んで使ってやればいいのである。ではなぜ今までは三角関数で表された解を使っていたというのに今回は指数関数で表した方が都合が良いと言うのだろうか。

それは e^{ikx} というのが「正の方向へ進む波」を表しており、e^{-ikx} が「負の方向へ進む波」を表しているからである。

高校物理の波の反射の辺りで学んだと思うが、右向きに進む波が壁にぶつかると、次々にやってくる右向きの波と、跳ね返った左向きの波が重ね合わさることになり、そこにはその場で振動の上下を繰り返すだけの止まって見える波が観察されるようになるのだった。量子力学で考えるのは複素数の波だが、これと同じようなことが起きている。前に考えた井戸型ポテ

ンシャルでもそういう定在波が解になっているのだった。そこには右向きに進む波と左向きに進む波が同時に含まれていたとも言えるのである。それは次のような関係が成り立つことからも言える。

$$\cos kx \ = \ \frac{1}{2}\Big(e^{ikx} + e^{-ikx}\Big)$$

では、なぜ e^{ikx} が右向きに進む波を表していると言えるのだろうか？ 今解いている方程式が「時間に依存しない方程式」だったことを思い出して欲しい。本当のシュレーディンガー方程式の解になるためには、これに $e^{-i\omega t}$ を掛ける必要があるのだった。すると次のようになる。

$$e^{ikx}e^{-i\omega t} \ = \ e^{i(kx-\omega t)}$$

これは時刻 t の値が増加するのに合わせて x もうまいタイミングで増加させていけば、$(kx - \omega t)$ の値を一定にすることができるだろう。つまり時刻の経過に合わせて右へ右へと見ていけば、波の振幅を表す複素数値が同じままだということである。それは波が右へ移動しているようなものである。

では話を次の段階に進めよう。$x \geqq 0$ の領域では $V(x) = V_0$ なので、解くべき方程式は

$$-\frac{\hbar^2}{2m}\frac{\partial^2\psi}{\partial x^2} \ = \ (E - V_0)\,\psi$$

であり、この解は次のようになる。

$$\psi(x) \ = \ C\,e^{ik'x} \ + \ D\,e^{-ik'x} \quad , \quad \text{ただし}\ k' = \frac{\sqrt{2m(E-V_0)}}{\hbar}$$

今回は粒子のエネルギーは壁より高いという設定なので、減衰するような形の式にならずに済んでいる。こちらも右へ進む波と左へ進む波の和で表されることになる。C と D は異なる値かも知れないので定在波だというわけではない。

さて、今から考えたいのは $x < 0$ の領域から右へ向かって進んできた波が、$x \geqq 0$ の領域へ進んでそのまま右へ進んで行けるかどうかということ

なので、左へ進む波のことは考えから外してしまおう。次のような波を考えるのである。

$$\psi(x) \;=\; \begin{cases} A\,e^{ikx} & (x < 0) \\ C\,e^{ik'x} & (x \geqq 0) \end{cases}$$

果たしてこれらは境界 $(x = 0)$ でうまく滑らかに繋がることができるだろうか？ 確かめてやろう。連続の条件と、傾きが同じになる条件は次のようになる。

$$\begin{cases} A\,e^0 &= \; C\,e^0 \\ ikA\,e^0 &= \; ik'\,C\,e^0 \end{cases}$$

整理するとずっと単純であり、次のようになる。

$$\begin{cases} A &= \; C \\ kA &= \; k'C \end{cases}$$

これは……無理ではないか？ $k = k'$ でもない限り、うまく繋がりそうにない。では、こういう場合、実際には何が起こるというのだろうか？ 波の反射を考えたらどうだろう。先ほどは勝手に省いてしまったが、境界部分で反射されて左へ向かう波があると考えるのである。次のような式を使ってみることにする。

$$\psi(x) \;=\; \begin{cases} A\,e^{ikx} \;+\; B\,e^{-ikx} & (x < 0) \\ C\,e^{ik'x} & (x \geqq 0) \end{cases}$$

これでうまく繋がるか試してみよう。あまり丁寧にやらなくても付いてこれるだろう。

$$\begin{cases} A + B &= \; C \\ kA - kB &= \; k'C \end{cases}$$

この連立方程式を解くと、次のようになる。

$$\begin{cases} B \;=\; \dfrac{k - k'}{k + k'}\,A \\[2ex] C \;=\; \dfrac{2k}{k + k'}\,A \end{cases}$$

このように、反射波を導入すれば条件を満たす波動関数が存在できるのである。しかしこれは一体どういうことだろうか。ニュートン力学では粒子がポテンシャルの壁を越えるに十分なエネルギーを持っていれば、100%必ずその壁を登り切って先へ進むのだった。ところが量子力学ではそのような状況であっても幾分かは壁に跳ね返されて戻ってくるというのである。これがニュートン力学と量子力学の劇的な違いである。

ではこの結果から、壁に向かって行った粒子の何%が通過して何%が跳ね返されると言えるだろうか？ 計算が楽になるように $A = 1$ だとしてみよう。振幅の大きさが 1 である波が右に進んできた場合、無事に壁を通過した波の振幅が $2k/(k+k')$ であり、跳ね返された波の振幅が $(k-k')/(k+k')$ だということになる。

ところがこれら通過波と反射波の振幅を普通に合計してみても 1 にはなってくれないのである。通過した粒子と跳ね返された粒子を合計したときにちゃんと 100%になるような計算でないと納得が行かない。ああ、そうだ、粒子の存在確率は振幅の 2 乗で計算するのだったから、それぞれの振幅を 2 乗してから足したらちゃんと辻褄が合うのではないだろうか？ いや、それでも 1 になってくれない。一体どう考えたらいいのだろう？

答はこうだ。それぞれの波は進む速度が異なっている。粒子の存在確率を知りたいなら振幅の絶対値の 2 乗で計算してやれば良いが、それにさらに速度を掛けることで、流れの量を計算できるのである。しかし、波の移動速度は粒子の運動の速度を表しているのではないのだった。粒子の速度は運動量に比例する。そして運動量は波数に比例する。というわけで、それぞれの波の振幅の絶対値の 2 乗に、波数 k を掛けて比較してみよう。まず、入射波は、振幅 1 で波数 k だから流れの量は k に比例する。通過波の波数は k' だから、流れの量は $4k^2k'/(k+k')^2$ に比例する。そして反射波の波数は k だから、流れの量は $k(k-k')^2/(k+k')^2$ に比例する。そうすると、ちゃんと

$$\frac{4k^2k'}{(k+k')^2} + \frac{k(k-k')^2}{(k+k')^2} = k$$

となって、辻褄が合う。通過率 T と反射率 R を出したければ、それぞれの

流れの量を入射波の流れの量で割ってやればいいだろう。

$$T = \frac{4kk'}{(k+k')^2}$$

$$R = \frac{(k-k')^2}{(k+k')^2}$$

この結果から何が言えるだろうか。k と k' に差がなければ反射は起きないらしい。これは当たり前のことだ。ポテンシャルに差がなければそうなるだろう。壁が低いほど反射は起きにくいということだ。

すると壁が高いほど反射が起きやすいことになる。では 100%反射するなんてことは起きるだろうか。$k >> k'$ であれば、つまり k' が k より遥かに小さければ、そういうことになりそうだ。それが起きるのは E と V_0 が同じになるあたりだ。壁に比べてエネルギーが少し上回るくらいしかないと、ほとんど反射してしまうのである。

3.5 トンネル効果

次は壁よりエネルギーが低い場合を考えてみよう。前に考えた井戸型ポテンシャルと違うのは粒子が閉じ込められていないという点である。

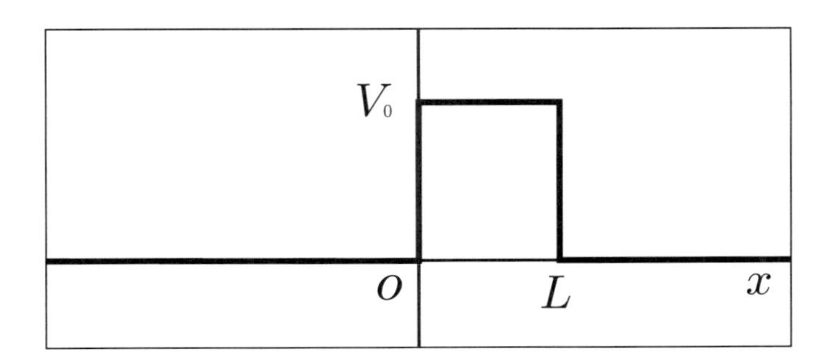

粒子は左から右に向かってきて壁に当たる。しかし $E < V_0$ なのでニュートン力学では決して越えて行けないはずだ。ところが量子力学ではこの壁の中にも幾分か、存在確率の波が染み込むのだった。そしてこの壁が薄ければ、存在確率は反対側にも染み出すのではないだろうか？

すでに似たような計算ばかりやっているので、丁寧にやらなくても分かるだろう。$x < 0$ の領域では波動関数は次のようになる。

$$\psi(x) \ = \ A\,e^{ikx} \ + \ B\,e^{-ikx} \quad , \quad \text{ただし}\ k = \frac{\sqrt{2mE}}{\hbar}$$

反射する可能性があるので左向きに進む波も入れておいた。$0 \leqq x \leqq L$ の領域では次のようになる。

$$\psi(x) \ = \ F\,e^{k'x} \ + \ G\,e^{-k'x} \quad , \quad \text{ただし}\ k' = \frac{\sqrt{2m(V_0 - E)}}{\hbar}$$

これは振動解ではなく、指数関数的に変化する形の関数である。F や G の値の正負によってはどちらの項も減少を意味することもあれば増大を意味することもある。よってどちらの項の存在も否定できない。おそらく両者が組み合わさった形になるだろう。

そして $x > L$ の領域では次のようになる。

$$\psi(x) \ = \ C\,e^{ikx} \quad , \quad \text{ただし}\ k = \frac{\sqrt{2mE}}{\hbar}$$

右向きに透過する波だけを考えたいので、正の方向からやってくる左向きの波は式から省いてある。

これらの式が滑らかに繋がる条件を考えよう。まず $x = 0$ では次の式が得られる。

$$\begin{aligned} A + B \ &= \ F + G \\ ikA - ikB \ &= \ k'F - k'G \end{aligned}$$

そして $x = L$ では次の式が得られる。

$$\begin{aligned} F\,e^{k'L} \ + \ G\,e^{-k'L} \ &= \ C\,e^{ikL} \\ k'F\,e^{k'L} \ - \ k'G\,e^{-k'L} \ &= \ ikC\,e^{ikL} \end{aligned}$$

変数は5つ、条件式は4つ。解けそうだ。まず下二つの式を使って

$$\begin{aligned} F \ &= \ \frac{C\,e^{ikL}}{2e^{k'L}}\ \frac{k' + ik}{k'} \\ G \ &= \ \frac{C\,e^{ikL}}{2e^{-k'L}}\ \frac{k' - ik}{k'} \end{aligned}$$

という関係が導き出せる。これを上二つの式に代入すれば F と G は消せて、A, B, C のみの式となるわけだが、嫌気が差してきた。少しサボろう。最終的に興味が有るのは一番右の領域へ抜けてくる粒子の割合なので、A と C の関係さえ得られれば良いだろう。ある程度頑張ると次のような関係が得られるので、根気よく変形を続ける。

$$\begin{aligned}
A &= \frac{C}{4}e^{ikL}\left(\frac{k'+ik}{k'}e^{-k'L}+\frac{k'-ik}{k'}e^{k'L}+\frac{k-ik'}{k}e^{-k'L}+\frac{k+ik'}{k}e^{k'L}\right) \\
&= \frac{C}{4}e^{ikL}\Bigg[e^{-k'L}+e^{k'L}+e^{-k'L}+e^{k'L} \\
&\qquad\qquad +i\left(\frac{k}{k'}e^{-k'L}-\frac{k}{k'}e^{k'L}-\frac{k'}{k}e^{-k'L}+\frac{k'}{k}e^{k'L}\right)\Bigg] \\
&= \frac{C}{4}e^{ikL}\left[4\cosh(k'L)+i\left(\frac{k}{k'}(-2)\sinh(k'L)+\frac{k'}{k}2\sinh(k'L)\right)\right] \\
&= \frac{C}{2}e^{ikL}\left(2\cosh(k'L)+i\,\frac{{k'}^2-k^2}{kk'}\sinh(k'L)\right)
\end{aligned}$$

$$\therefore\ C = \frac{2e^{-ikL}}{2\cosh(k'L)+i\,\dfrac{{k'}^2-k^2}{kk'}\sinh(k'L)}A$$

ここに出てきた sinh や cosh は三角関数の書き間違いではない。双曲線関数と呼ばれるもので、次のような定義のものである。

$$\sinh x \equiv \frac{e^x-e^{-x}}{2} \quad , \quad \cosh x \equiv \frac{e^x+e^{-x}}{2}$$

式をまとめるために使っただけで、ここではその性質について詳しく知らなくても構わない。$\cosh^2 x - \sinh^2 x = 1$ という関係だけはこの後で使うつもりだ。

$x < 0$ と $x \geqq L$ ではどちらも粒子の移動速度は同じなので、わざわざ流れの量に換算して比較する必要はない。絶対値の 2 乗の比を計算してやれ

ばそれが透過率 T を表すことになる。

$$\begin{aligned} T &= \frac{|C|^2}{|A|^2} \\ &= \frac{4|e^{-2ikL}|^2(kk')^2}{4(kk')^2\cosh^2(k'L)+(k'^2-k^2)^2\sinh^2(k'L)} \\ &= \frac{4(kk')^2}{4(kk')^2[1+\sinh^2(k'L)]+(k'^2-k^2)^2\sinh^2(k'L)} \\ &= \frac{4(kk')^2}{4(kk')^2+(k'^2+k^2)^2\sinh^2(k'L)} \end{aligned}$$

しかし双曲線関数にはあまり馴染みがないので、これを見てもどういう意味なのかピンと来ない。$\sinh x$ は x が大きければ $e^x/2$ とほぼ同じになるので、分母の他の項も無視できて、

$$T \fallingdotseq \frac{16(kk')^2}{(k'^2+k^2)^2}\,e^{-2k'L}$$

と近似できる。この指数関数の肩の $k'L$ の部分が注目すべき点だ。要するに、壁の厚さ L が物質波の波長より大きくなった辺りから、トンネル効果は急激に起きにくくなってしまうというわけだ。いかにも波動的な現象だと言えるだろう。

今こうして求めたこの結果がトンネル効果の公式だというわけではないので気を付けて欲しい。これはあくまでも一例である。このようなことが色んな状況で起こり得るということだ。

トンネル効果を利用した半導体素子も作られているし、その他さまざまな場面でトンネル効果は起きている。放射性物質の原子核から α 線が飛び出してくる現象もトンネル効果によって説明される。原子核の内部ではヘリウムの原子核と同じ構成の、中性子2つと陽子2つの合計4つの組み合わせが安定なので、このまとまりで激しく運動しているのだが、この塊が核力で閉じ込められたエネルギーの壁に何度もぶつかるうちに、ごく稀な確率で原子核の外へと飛び出してしまうのである。

幾つもの計算例を見たので、読者はここまでにやった他にも少し設定を変えて色々と試してみることができるだろう。このトンネル効果の計算と

同じ形のポテンシャルで $E > V_0$ の場合を計算してみると面白い。壁の厚みが物質波の波長の半分の整数倍になるごとに、反射率が 0%から 100%まで変化することを繰り返すのである。壁の厚みに「共鳴」するのだ。これはまさに波動的な性質が現れた現象であろう。興味のある人は自分で確かめてみてもらいたい。なぜここでやらないかというと、面白いものを紹介するだけがこの本の目的ではないからである。

3.6 調和振動子

ごく単純な例ばかり計算してきたので、少し飽きてしまったかも知れない。この章の最後の例として、今までとは少し雰囲気の異なる重要な例を紹介しておこう。ポテンシャルの形次第で急に計算が難しくなることも分かってもらえるだろう。

この話が難しいと感じたら遠慮無く飛ばし読みして頂いて構わない。これに関係する話が後で少しだけ出てくるけれども、完璧に理解している必要はないからである。

しかし今回の話は、応用範囲がとても広い。現実的な問題への応用だけでなく、理論上の応用もある。「場の量子論」には欠かせない概念でもある。しかし今はあまり深読みをしなくてもいいから、軽い気持ちで楽しんでもらえれば、と思う。

理想的なバネに繋がれて振動する物体の運動を「**調和振動**」と呼ぶ。高校の物理で習い始める「単振動」というのは、「1 次元のみの単純な調和振動」を略して「単振動」と呼んでいるのである。調和振動を起こすような系を「**調和振動子**」と呼ぶ。調和振動は変位に比例した復元力が働くときに起きる。

$$F = -kx \tag{1}$$

これはフックの法則と呼ばれている式である。先ほど言った「理想的なバネ」というのはそういうことだ。高校物理に毒されていると、「バネは当然フックの法則に従う」ものだと無意識に信じ切ってしまっていることがあるが、現実のバネはこの法則におおよそ従っているだけに過ぎない。しかし今は今後の理論の道具立てをしようという隠れた目的もあるので、理想論がとても大事なのだ。

上のような理想的な復元力を実現するポテンシャルを求めるのは簡単だ。力とポテンシャルの間には

$$F(x) \;=\; -\frac{\mathrm{d}V(x)}{\mathrm{d}x}$$

という関係があるので、(1) 式を x で積分してマイナスを付けてやればいい。

$$V(x) \;=\; \frac{1}{2}kx^2$$

難しいことを言わなくとも、単にバネの位置エネルギーである。

ところで、バネ定数 k というのは高校物理から非常に慣れ親しんだ分かりやすい概念かも知れないが、調和振動が起こるときに必ずバネが存在しているとは限らない。今後の理論では古典的な存在である「バネ」のイメージをあまり意識しないようにしたいので、k を別の物理量で置き換えて使うことにしよう。

バネに繋がれて振動する質量 m の質点の運動は、古典力学では、

$$x \;=\; A\ \cos(\omega t + \theta) \qquad \left(\omega = \sqrt{\frac{k}{m}}\right)$$

であった。だから、

$$k \;=\; m\omega^2$$

と書き直せばいい。つまり、

$$V(x) \;=\; \frac{1}{2}\,m\,\omega^2\,x^2$$

という形になる。もちろん、k を使い続けても理論上の問題はあまりないのだが、こうしておいた方が式が綺麗にまとまることが多いという利点がある。今のうちに慣れておくのがいいだろう。こういう書き換えは普通の力学でもよく行われることである。

これで準備は整った。ここまでは古典力学の話だったが、それを量子力学でやるとどうなるか、やってみよう。こんな式を解けばいい。

$$-\frac{\hbar^2}{2m}\frac{\partial^2\psi}{\partial x^2} \;=\; \left(E - \frac{1}{2}m\ \omega^2 x^2\right)\psi$$

簡単には解けないのだが、不必要なくらいに丁寧に説明しておこう。このままでは解きにくいので、なるべく簡単な形に変形する必要がある。x と E を

$$x \;=\; \sqrt{\frac{\hbar}{m\omega}}\,\xi \quad , \quad E \;=\; \frac{\hbar\omega}{2}\,\varepsilon$$

と置くと、方程式は

$$\frac{\partial^2\phi}{\partial\xi^2} \;+\; \left(\varepsilon - \xi^2\right)\phi \;=\; 0 \tag{2}$$

という簡単な形になる。これは別に複雑なことをやったわけではない。ただのスケールの変換だ。$x = a\xi$、$E = b\varepsilon$ とでも置いて代入してやり、a、b をどう決めたら式が簡単になるかを考えればいいだけである。もしバネ定数 k を使っていたら、a、b はもう少し面倒な形になるが、(2) 式が導かれるという結果は変わらない。波動関数の変数が変わったので、$\psi(x)$ ではなく $\phi(\xi)$ を使っている。

簡単な式にはなったけれども、いきなり解くのはまだ難しい。そこで $\xi \to \infty$ の極限での解がどうなるかをまず考える。そこでは ε は ξ^2 に比べて無視できるだろう。つまり、

$$\frac{\partial^2\phi}{\partial\xi^2} \;-\; \xi^2\,\phi \;=\; 0$$

という式を解けばいいことになる。これでもまだ厳密に解くことは難しいが、

$$\phi(\xi) \;=\; H\,e^{\pm\xi^2/2}$$

とすれば $\xi \to \infty$ では近似的に成り立っていると言えるだろう。H は定数である。しかし指数部分がもし正だと $\xi \to \infty$ で波動関数が発散してしまって、物理的に有り得ない解になるので、マイナスだけを解として採用することにする。

$$\phi(\xi) \;=\; H\,e^{-\xi^2/2} \tag{3}$$

次にこの式を ε を含む元の方程式 (2) に戻してやる。これは当然、解になっているはずがないのだが、H が ξ の関数になっていると仮定して、ϕ

が解になる条件を無理やり H に課してやるのである。変形は大して難しくないので読者に任せよう。結果として次の式を得るはずだ。

$$\left[\frac{\partial^2}{\partial\xi^2} - 2\xi\frac{\partial}{\partial\xi} + (\varepsilon-1)\right]H(\xi) = 0 \tag{4}$$

もし意味が分からなければ、意味が分かるようになるために自分でやってみた方がいい。もし $H(\xi)$ がこの方程式を満たしていれば、先ほど求めた (3) 式はめでたく (2) 式の解となるということである。これを解くために、$H(\xi)$ が

$$H(\xi) = \sum_{k=0}^{\infty} a_k\,\xi^k$$

という形に展開できると仮定して a_k を求めることにする。これを (4) 式に代入してやると、後は次のように変形できる。

$$\sum_{k=2}^{\infty} k(k-1)a_k\xi^{k-2} - 2\sum_{k=1}^{\infty}\xi k a_k\xi^{k-1} + \sum_{k=0}^{\infty}(\varepsilon-1)a_k\xi^k = 0$$

$$\therefore \sum_{k=0}^{\infty} (k+2)(k+1)a_{k+2}\xi^k - 2\sum_{k=0}^{\infty} k a_k\xi^k + \sum_{k=0}^{\infty}(\varepsilon-1)a_k\xi^k = 0$$

$$\therefore \sum_{k=0}^{\infty}\Big[(k+2)(k+1)a_{k+2} - (2k-\varepsilon+1)a_k\Big]\xi^k = 0$$

この式が常に成り立つためには、括弧の中が 0 でなくてはならないことから、

$$a_{k+2} = -\frac{\varepsilon-2k-1}{(k+1)(k+2)}\,a_k \tag{5}$$

が成り立っていなければならない。

つまり、初項 a_0 が決まれば、偶数次の項はそれに依存した形で次々と決まり、a_1 が決まれば、奇数次の項はそれに依存した形で決まるのである。具体的には H は次のような形になる。

$$\begin{aligned} H(\xi) = {} & a_0\left(1 - \frac{\varepsilon-1}{1\cdot 2}\,\xi^2 + \frac{\varepsilon-1}{1\cdot 2}\,\frac{\varepsilon-4-1}{3\cdot 4}\,\xi^4 - \cdots\right) \\ & + a_1\left(\xi - \frac{\varepsilon-2-1}{2\cdot 3}\,\xi^3 + \frac{\varepsilon-2-1}{2\cdot 3}\,\frac{\varepsilon-6-1}{4\cdot 5}\,\xi^5 - \cdots\right) \end{aligned}$$

しかしこの解は無限級数の形になっているので、ひょっとして ξ が無限大に近付くところで発散してしまって、物理的に意味を成さなくなるのではないか、という心配がある。実際、$k \to \infty$ の極限を考えると、(5) 式は

$$a_{k+2} \;=\; \frac{2}{k}\,a_k \tag{6}$$

となるだろう。唐突だが e^{ξ^2} をテイラー展開してやると

$$e^{\xi^2} \;=\; 1 \;+\; \xi^2 \;+\; \frac{1}{2}\xi^4 \;+\; \frac{1}{3!}\xi^6 \;+\; \cdots \;+\; \frac{1}{(k/2)!}\xi^k \;+\; \cdots$$

となる。これは k が小さい内は違うのだが、$k \to \infty$ になると (6) の条件に近付いてゆく。つまり H は今のままでは $k \to \infty$ の極限でこれと同じ振る舞いをするということである。もしこのような H を採用したならば、

$$\phi(\xi) \;=\; H\,e^{-\xi^2/2} \;=\; e^{\xi^2}e^{-\xi^2/2} \;=\; e^{\xi^2/2}$$

となってしまって、波動関数は $\xi \to \infty$ で発散してしまうことだろう。そうならないためには、$H(\xi)$ は無限級数ではなく、有限の項で終わる多項式の形になっていてくれればいい。たまたまどこか k 番目の項が 0 になってくれれば、次の $k+2$ 項目も 0 になって、それ以降の項もずっと 0 になってくれる。それを実現するためには (5) 式を見れば分かることだが、

$$\varepsilon \;=\; 2n+1 \quad (n\text{ は整数}) \tag{7}$$

という条件が成り立っていればいい。これによって n 番目の項はまだ残るが、$n+2$ 項目からは 0 になるという理屈だ。しかしこれだけでは $n+1$ 番目の項を 0 にすることはできない。それを解決するために、n が奇数のときには $a_0 = 0$、n が偶数のときは $a_1 = 0$ としておいて最初の項から全てを止めておいてやらないといけない。

結果として何が言えるか。n の値によって H の形は変わるわけだが、そ

れを $H_n(\xi)$ と書いて具体的に書いてやると、

$$
\begin{aligned}
H_0(\xi) &= a_0 \\
H_1(\xi) &= a_1\xi \\
H_2(\xi) &= a_0\left(1 - \frac{4}{1\cdot 2}\,\xi^2\right) \\
H_3(\xi) &= a_1\left(\xi - \frac{4}{2\cdot 3}\,\xi^3\right) \\
H_4(\xi) &= a_0\left(1 - \frac{8}{1\cdot 2}\,\xi^2 + \frac{8}{1\cdot 2}\frac{4}{3\cdot 4}\,\xi^4\right) \\
H_5(\xi) &= a_1\left(\xi - \frac{8}{2\cdot 3}\,\xi^3 + \frac{8}{1\cdot 2}\frac{4}{4\cdot 5}\,\xi^5\right) \\
&\vdots
\end{aligned}
$$

という感じになる。この $H_n(\xi)$ を「**エルミート多項式**」と呼ぶ。エルミートというのは数学者の名前で、綴りは Hermite と書く。だから頭文字の H を使ってきたのだ。

さて、関数 $H_n(\xi)$ が n の値によって全く違う振る舞いをするというのは面倒である。この関数には何か規則性がありそうなのだが、n が異なる場合でもひとまとめに同じ式で表せれば便利だ。期待通りの形式ではないかも知れないが、それは次のような式でまとめることができる。

$$
H_n(\xi) = (-1)^n e^{\xi^2}\frac{\mathrm{d}^n}{\mathrm{d}\xi^n}e^{-\xi^2} \tag{8}
$$

これを計算してやると、

$$
\begin{aligned}
H_0(\xi) &= 1 \\
H_1(\xi) &= 2\xi \\
H_2(\xi) &= 4\xi^2 - 2 \\
H_3(\xi) &= 8\xi^3 - 12\xi \\
&\vdots
\end{aligned}
$$

のような解が求められる。先ほどと比べると係数 a_0、a_1 の値が毎回違うことになるが、あまり気にする部分ではない。解として必要な条件は満たされている。

念のため少し確認しておこうか。(7) 式の条件を (4) 式に入れてやると、

$$\left[\frac{\partial^2}{\partial\xi^2} - 2\xi\frac{\partial}{\partial\xi} + 2n\right] H_n(\xi) = 0$$

となるわけだが、(8) 式がちゃんとこの方程式の解になっていることは代入してみれば簡単に確認できるだろう。問題ないようだ。

結局、調和振動ポテンシャル中での波動関数の形は、

$$\phi(\xi) \ = \ c\ H_n(\xi)\ e^{-\xi^2/2}$$

であるということだ。c は任意の定数が許されるが、粒子の存在確率が全体で 1 になるように調整してやれば決まる数値だ。ξ と x とはスケールが違うだけなので、この形のままでも何も本質は変わらないし、むしろこの方がすっきりして見やすいのだが、どうしても気になるという人のために x の式に戻しておいてやろう。

$$\psi(x) \ = \ c\ H_n\left(\sqrt{\frac{m\omega}{\hbar}}x\right)\ \exp\left(-\frac{m\omega}{2\hbar}x^2\right)$$

こんな感じになるだけだ。大して面白いものでもない。

一方、エネルギーは $\varepsilon = 2n+1$ だけが許されているのだったが、つまり、

$$\begin{aligned} E \ &= \ \frac{\hbar\omega}{2}\varepsilon \ = \ \frac{\hbar\omega}{2}(2n+1) \\ &= \ \hbar\omega\left(n+\frac{1}{2}\right) \\ &= \ h\nu\left(n+\frac{1}{2}\right) \end{aligned}$$

ということである。n は 0 を含む正の整数の範囲であった。つまり、存在が許される最低のエネルギー E は 0 にはならないということだ。

これは物理的に何を意味するのだろう。もしエネルギーが 0 になっていれば、それは運動エネルギーとポテンシャル・エネルギーが同時に 0 であ

ることを意味する。つまり運動量は0で、しかも位置も原点にあるということが測定前からバレバレだということだ。位置と運動量が同時に確定するのは不確定性原理に反するので、エネルギーが0になっていては困るのである。

しかしエネルギーが0でないならばこういう問題は起こらない。粒子は観測するまでどこにあるか分からないし、たとえ測定によって位置が分かっても、その瞬間、運動量は分からなくなる。逆も然り。運動量が精度よく測定できても、位置情報についての信頼性はその分だけ落ちる。

このポテンシャルの中にある粒子は、どれだけエネルギーを失っても、量子力学的なゆらぎのために振動を止めることが決してできないのである。$n = 0$でも残ってしまうこの振動を「**零点振動**」と呼び、このときのエネルギー$E = h\nu/2$を「**零点エネルギー**」と呼ぶ。言葉の響きがかっこいいせいかSFなどにもよく登場する概念だが、どうも物語中でこのエネルギーを取り出して利用していると思われるような作品をたまに見かける。現実にはそんなことはできない、というのが今回の結論の一つである。粒子はこのエネルギーを失うわけにはいかないのだ。

この結果についてあれこれ話しても今ひとつ現実味が感じられないかも知れない。そもそも、こんな形のポテンシャルは現実にあるのだろうか？ミクロの世界にはもちろんバネなんかありはしない。電荷どうしの引力や反発力なら働いているが、これは先ほどのフックの法則のような力ではない。

しかし色々な条件によって、復元力が働く状況が作り出されることはある。ポテンシャルに谷間の部分があれば、そこからどちらへ行っても元の位置に戻すような力が働くわけで、それは復元力だ。

そのようなポテンシャルを、その谷底を原点にとって次のように展開して表すとする。

$$V(x) \ = \ a + bx + cx^2 + dx^3 + ex^4 + \cdots$$

もしもxが極めて小さければ、高次の項は無視できるほど小さくなる。例えば3次以降の項は2次の項に比べてほとんど無視できるほどに小さいだろう。さらに0次と1次の項は、この場合、あまり意味がない。なぜなら、$y = a + bx + cx^2$と$y = cx^2$とはグラフ上で全く同じ形をしていて、平行移動によって重ね合わすことができるからだ。つまり初めの2項は原点をずらすくらいの働きしかしていない。谷底を原点として考えるという問題設定をした時点で、0 次と 1 次の項は初めから存在しないも同然なのである。結局残るのは 2 次の項だけであって、調和振動のポテンシャルと同じ形である。

つまり、振動の範囲が非常に狭いような微小な振動を扱う限りにおいては、どんなポテンシャルの中にある粒子でも調和振動子とほとんど同じ振る舞いをするということだ。

現実味が増してやる気も増したところで、もう少し細かい話に移ろう。

波動関数の絶対値を 2 乗したものは粒子の存在確率を表していて、以下がそれをグラフに表したものである。

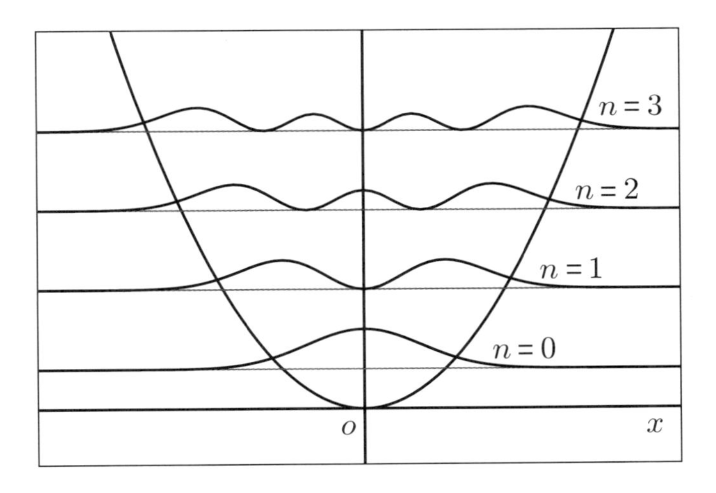

存在確率の曲線を同じ位置に重ねて書くとごちゃごちゃして分かりにくくなってしまうので、n で決まるそれぞれのエネルギーの高さに合わせてずらして書いてある。古典力学では、エネルギーの高さを表す横線を 2 次曲線が切り抜く範囲までしか質点は移動できない。それ以上外側へ出ようにも、運動エネルギーを失ってしまってエネルギーの坂を登って行けないのである。よってその範囲内で振動する。一方、量子力学的な確率の波はその範囲を越えて広がっていることが分かるだろう。もちろんはみ出しは控えめであり、古典力学で許される範囲を越えた辺りで急激に確率が減衰して、ほとんど 0 と見なせるくらいになってはいる。しかし理論上は無限

遠に至るまで完全な 0 になっているわけではない。

次に注目してほしいのは $n = 0$ の場合の確率分布である。粒子は中央付近で見出されやすいという結果になっている。これは量子力学に特有の現象で、古典力学ではありえない話だ。古典力学に従う物体がバネに繋がれて振動しているときには、振幅が最大のところで毎回一旦停止する。だから、目隠ししていてパッと一瞬だけ見たときにはそれが両脇付近にある確率が高い。中心付近は最大速度で通り過ぎるのであまりその辺りに見出されることはないだろう。

しかし n の値が大きくなるにつれて、粒子の存在確率の分布はニュートン力学で計算した粒子の存在確率に似てくるのである。次の図は $n = 40$ の場合をちょっと苦労して描いてみたものだ。

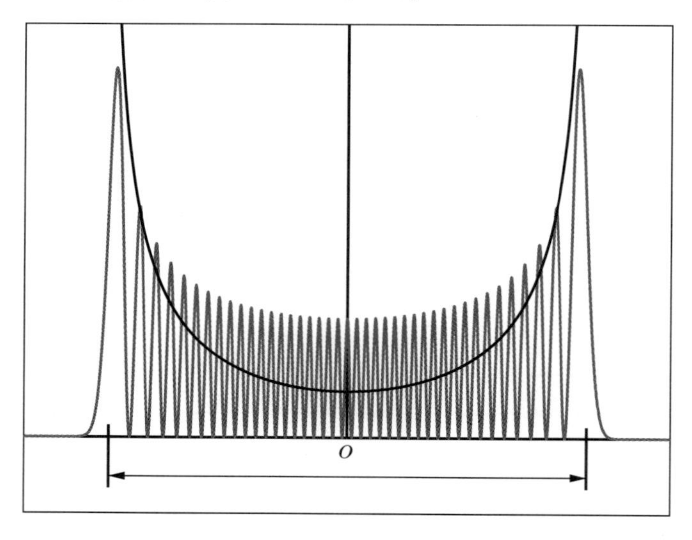

図の下側に書いてある矢印は、古典力学で運動が許される範囲を示している。濃い滑らかな曲線は、古典力学的な考えで計算した場合の粒子の存在確率である。激しく上下しているのは量子力学的な存在確率である。古典力学と量子力学では全く論理が違うのに、まるで古典力学の状況に辻褄を合わせるかのように徐々に一致してくるのは何とも不思議なことではないか。

しかしながら、こんなことでごまかされてはならない。どんなにエネルギーが高くなろうとも、量子力学における粒子は決して右へ左へと振動しているわけではない。観測される瞬間までは、ぼんやりと、波として全体に分布しているのである。

ところで、あまり説明されることもないし、気にされないことも多いのだが、今回求めた波動関数には $e^{-i\omega t}$ という時間変化の関数が掛かっていて、エネルギーの値に応じた勢いで振動していることを忘れてはいけない。しかしその振動は複素関数であって、$e^{-i\omega t}$ の絶対値の 2 乗は常に 1 である。位相が変化しているのみであり、存在確率にはまるで影響しないのではある。

これに関連して少し注意しておこう。今回の波動関数のグラフを 2 乗しないで描くと、奇関数になっていることがある。最も特徴が表れている例は $n = 1$ の場合だろう。

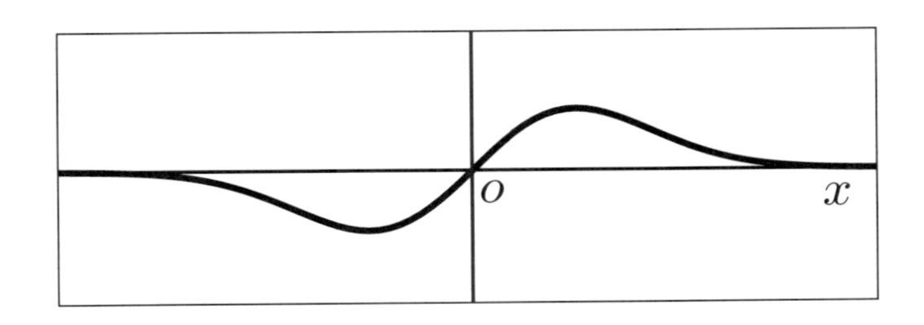

2 ページ前の図で描かれているのとは少し違っているが、あれは波動関数の絶対値の 2 乗を描いたものだからだ。絶対値の 2 乗をしなければこのようになっている。

ポテンシャル $V(x)$ は偶関数で左右対称なのに、どうして一方がプラスで他方がマイナスになるという左右非対称なことが起きるのか、と不思議に思うかも知れない。しかしこれはある瞬間の姿に過ぎない。位相は常に変化しているのである。このことをどう表現するのが分かりやすいだろうか。もしその変化の実数部分だけをグラフに表したなら、このグラフはその場で上下に波打つように見えることだろう。しかしそんな図を描くと、そこだけを見て、「ある瞬間、存在確率が全域で 0 になってしまうのか」という変な誤解をする人が現れかねない。うまく伝わるかどうか自信がないが、複素数の波をイメージするために次ページに立体的な図を描いてみよう。

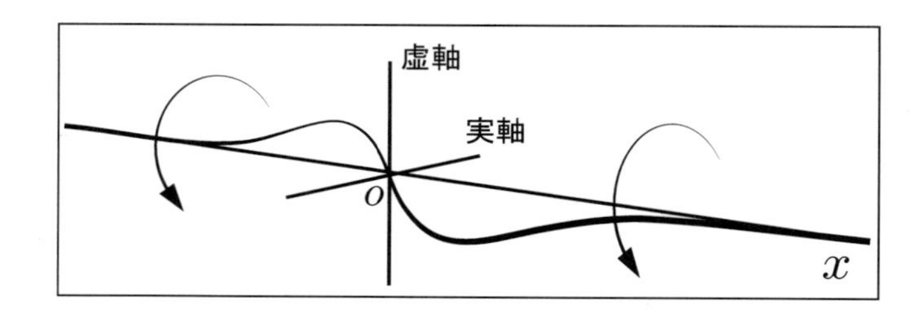

このように複素平面内でグルグルと回っており、実は右も左も同等なのである。位相だけが変化して存在確率には影響がないというのはこのようなイメージである。各点の絶対値はずっと同じままだ。グラフに表しにくい見えない振動があることだけは常にイメージしていてもらいたい。

最後に、この章に出てきた問題全体について言える、重要な点に注意を向けておこう。粒子がポテンシャルによって束縛され、ある範囲に捕らえられているとき、粒子に許されるエネルギーは飛び飛びである。調和振動子でも同じことで、あるエネルギーではある範囲内に強く縛られているから、やはりエネルギーは飛び飛びの状態しか許されないのであった。

一方、粒子のエネルギーが十分に高くてポテンシャルに縛られず自由にどこまでも進めるとき、粒子が取り得るエネルギーは連続的である。どんな値でも許されるという意味だ。

これは広く成り立つ事実である。「ミクロの世界ではエネルギーは飛び飛びの値しか許されない」という解説を時々目にすることがあるが、必ずしもそういうわけではないのである。

第4章　確率解釈

4.1　波動関数の規格化

波動関数の絶対値の2乗が粒子の存在確率を表すということだった。この章ではその解釈によって何が言えるかを考えていこう。

複素数の絶対値の2乗を求めるためには、元の複素数と、その複素共役を取ったものとの積を計算すればいいのだった。複素数で表された波動関数 $\psi(x,t)$ の絶対値の2乗 $|\psi(x,t)|^2$ は、

$$|\psi(x,t)|^2 \ = \ \psi^*(x,t)\,\psi(x,t)$$

と表現すればいいわけだ。変数 (x,t) を毎回書くのは面倒なので、今後はよっぽど必要でない限り省くことにしよう。すると、位置 x の近辺のごく狭い範囲 $\mathrm{d}x$ に粒子が見出される確率というのは

$$\psi^*\psi\ \mathrm{d}x$$

と表せばいいことになる。ここで $\mathrm{d}x$ を付けておいたことは極めて大切である。幅を広げれば確率は高くなるし、狭めれば0になってしまう。粒子が厳密に座標 x の一点に存在するなんてことは決してないのだからこういう書き方をしなくてはならないのだ。

このことをもう少し詳しく話しておこう。例えばあるクラスに身長160cmの人間が存在する確率だってほぼ0に等しいと言える。身長が160.000000cmの位まで厳密に一致する人など決していやしないのだから。こういうことはちゃんと幅を考慮しないといけない。幅を掛けることで初めて確率になるわけで、上の式の $\mathrm{d}x$ を除いた部分、すなわち $\psi^*\psi$ のことを「**確率密度**」と呼ぶ。

そしてもっと広い範囲、例えば粒子が $A \leqq x \leqq B$ の範囲に見出される確率を計算したければ、場所によって確率密度が違っているのだから、次のように連続的な和をとってやることが必要になる。

$$\int_A^B \psi^* \psi \, \mathrm{d}x$$

「連続的な和」というのは、つまり積分のことなのだが、高校の形式的な教え方のせいか積分記号の意味を理解してない人があまりに多いのでちょっと注意を引く言い方をしてみたくなっただけである。積分の中の $\mathrm{d}x$ の部分は単に「x で積分しなさい」という意味ではない。この積分の表記には「$\psi^* \psi \, \mathrm{d}x$ を滑らかに足し合わせなさい」という意味があるのである。

この積分範囲を無限から無限にわたって計算すれば、それは全宇宙にこの粒子が存在する確率を表していることになるので、1 にならなければおかしい。宇宙のどこかには絶対あるはずだからだ。

$$\int_{-\infty}^{\infty} \psi^* \psi \, \mathrm{d}x \; = \; 1$$

もしこの答えが 1 にならないような場合には、1 になるように波動関数に定数を掛けて調整しておく必要がある。この小細工を「**波動関数の規格化**」と呼ぶ。それほど大したことではないのに名前だけはかっこいい。

いつでも必ず宇宙全体に渡って積分する必要があるわけでもない。なんらかのポテンシャルエネルギーの壁によって粒子がある範囲から決して出て行くことがないとみなせる状況であれば、その範囲だけの積分の結果が 1 になればいいとして計算してやればいい。その辺りは臨機応変に意味を考えながら計算しよう。

ところが規格化がどうにもうまく行かない場合もある。例えば自由粒子の波動関数だ。何にも縛られない存在であるために、どこまで行っても一定の周期のままの波が同じように続く。無限の範囲のどこへ行っても見出される確率が同じ。つまり、ほとんどどこにも見出せないに等しいわけで、波動関数の係数は 0 の極限になるわけだが、これでは計算ができない。

別に抽象的な話をしているのではない。具体的に示そう。自由粒子の波

動関数は

$$\psi(x,t) \;=\; A\, e^{\frac{i}{\hbar}(px-Et)}$$

と表されるのだった。これは運動量 p が変化することなく一定周期でどこまでも続く波を表しており、しかも絶対値の 2 乗が常に一定という、この状況を表すのに大変都合のいい性質をも持っている。これを使って確率密度を計算してやると、

$$\psi^*\psi \;=\; \left(A^* e^{-\frac{i}{\hbar}(px-Et)}\right)\left(A\, e^{\frac{i}{\hbar}(px-Et)}\right) \;=\; |A|^2$$

となって、この定数 $|A|^2$ を無限の範囲で積分すると発散してしまうことになる。かと言って、$A=0$ とすれば解決するわけでもない。無限遠で 0 になるような関数だったならほとんどこういう問題は起きないのだが……。困ったものだ。

このような困難が生じるのは自由粒子の場合だけとは限らない。どこまでも同じ状況が続くためにまともに計算すると積分値が一定値に収まらないという状況は他にいくらでもある。どうしてもこういう状況を扱いたいときには仕方ないので「**周期的境界条件**」というテクニックを使うことになる。

金属の塊や結晶などは原子にとってみれば無限の広がりに似たものだ。しかし原子 1 個あたりに必ず電子 1 個があるだろうから、その原子 1 つ分、あるいは分子 1 つ分の幅の範囲での積分が 1 になりさえすればいいと考えるわけだ。狭い範囲内だけを考えるので存在確率が無限にならないで済む。結晶というのはほぼ無限に同じ状況が繰り返し並んでいるわけで、その狭い幅の 1 つの中で起こっている状況は結晶の塊のどこででも同じように起こっているだろうと仮定して理論を進めるわけだ。そのときに、隣の領域との境界で波動関数が滑らかに繋がっているだろうという条件を加えて解くのでこの名前が付いている。こうすることで、許される波動関数の形はかなり限定されることになる。これが結構、現実をうまく表しているのだ。

しかし残念ながらこの本ではそのような具体例を紹介する余裕がない。この先、もっと専門的な、例えば固体中の量子力学についての本を読んでいけば幾つもの例に出会うことになるだろう。

4.2　3次元での存在確率

念のため、3次元の波動関数 $\psi(x,y,z,t)$ の場合に今の話がどうなるかを話しておこう。粒子が $x \sim x + \mathrm{d}x$、$y \sim y + \mathrm{d}y$、$z \sim z + \mathrm{d}z$ という範囲内に見出される確率は次のように計算すればいい。

$$\psi^*(x,y,z,t)\ \psi(x,y,z,t)\ \ \mathrm{d}x\,\mathrm{d}y\,\mathrm{d}z$$

これは $\mathrm{d}x \times \mathrm{d}y \times \mathrm{d}z$ という、ごく小さな体積の直方体の中に粒子が見出される確率だということである。もっと広がりを持った範囲の中に粒子が見出される確率を計算したければ、その範囲内をこの微小な直方体で埋め尽くしてやって、それらを全て足し合わせてやればいい。それはつまり、3重積分をするということである。

$$\iiint \psi^*(x,y,z,t)\ \psi(x,y,z,t)\ \ \mathrm{d}x\,\mathrm{d}y\,\mathrm{d}z$$

ここに書いた3重積分は飽くまでもイメージに過ぎない。積分範囲がごく単純な形でない限りはこのような形式の計算では済まないだろう。正確に書こうとすると具体的ではなくなってしまうが、考えている範囲 V を微小体積 $\mathrm{d}V = \mathrm{d}x\,\mathrm{d}y\,\mathrm{d}z$ の箱で埋め尽くすような積分計算をするということで、次のように象徴的に書き表すことが多い。

$$\int_V \psi^*(x,y,z,t)\ \psi(x,y,z,t)\ \ \mathrm{d}V$$

この本では今後このような具体的な計算をすることはないから、これでだいたいの意図だけ伝われば十分だと思っている。

4.3　波の干渉

複数の波を重ね合わせると干渉が起こる。高校物理では水面を伝わる波を例にしたかも知れない。それぞれの波の振幅が互いに強め合う場所と弱め合う場所が出来て、水面に綺麗な干渉模様が描かれることになるのであった。

量子力学の波動関数でもこれと同じようなことが起こる。振幅が複素数で表されているという点だけが違うわけだが、単純にそれぞれの波を足し合わせてやればいいだけである。前章では 1 次元の波の例ばかりを計算したが、2 次元の面上の波でも 3 次元中の波でも同様のことが起きる。

しかし足し合わせた結果から計算される存在確率は、単にそれぞれの波から別々に計算される存在確率の和にはならない。このことを確認しておこう。$\psi_1(x,t)$ で表される波と $\psi_2(x,t)$ で表される波が重なったとする。それは

$$\Phi(x,t) \ = \ \psi_1(x,t) \ + \ \psi_2(x,t)$$

と表されることだろう。見た目がややこしくなるので以下の計算では変数を省略して ψ_1、ψ_2 とだけ書くことにする。この波から計算される存在確率は、次のようになる。

$$\begin{aligned}
|\Phi|^2 \ &= \ |\psi_1 \ + \ \psi_2|^2 \\
&= \ \big(\psi_1 \ + \ \psi_2\big)^*\big(\psi_1 \ + \ \psi_2\big) \\
&= \ \big(\psi_1^* \ + \ \psi_2^*\big)\big(\psi_1 \ + \ \psi_2\big) \\
&= \ \psi_1^*\psi_1 \ + \ \psi_1^*\psi_2 \ + \ \psi_2^*\psi_1 \ + \ \psi_2^*\psi_2 \\
&= \ |\psi_1|^2 \ + \ \psi_1^*\psi_2 \ + \ \psi_2^*\psi_1 \ + \ |\psi_2|^2
\end{aligned}$$

この第 1 項と第 4 項は実数だが、第 2 項と第 3 項は複素数である。存在確率を求めているのに実数にならないのは困る。しかしよく見れば第 2 項と第 3 項は複素共役の関係にある。$(\psi_1^*\psi_2)^* = \psi_1\psi_2^*$ だからだ。複素共役どうしを足し合わせると、その実数部分だけが残るのだった。よってこの計算結果は次のように表される。

$$|\Phi|^2 \ = \ |\psi_1|^2 \ + \ |\psi_2|^2 \ + \ 2\,\mathrm{Re}(\psi_1^*\psi_2)$$

このようにちゃんと実数として得られるので一安心だ。それぞれの波から計算される存在確率の単純な和ではなく、第 3 項目が余分に付いてきていることが分かるだろう。これは干渉による効果によって粒子の存在確率に影響が出ていることを表しており、この第 3 項目を「**干渉項**」と呼ぶのである。

4.4　期待値

確率の話には期待値が付き物である。サイコロを振ったときに出る目の期待値は「3.5」である……というのは高校で習ったかも知れない。しかしサイコロを1回振っただけではこの数字の意味は実感できないだろう。1から6までのどの数字が出るかはそのとき次第であって、3.5とはまるで関係がないからだ。しかし、何回振ってもいいから「出た目の平均値× 1000円」をあげようと言われたら、少なくとも3500円は貰えることが期待できる。繰り返すほどこの数字に近付くからである。期待値とはそういう意味のものだった。

平均値というのは多数回起こった事象から得られた数値や、多数のサンプルから得られた数値を全て同等のものとして足し合わせ、最後にその回数あるいはサンプル数で割ることによって得られる。これは同等な権利を持つ者たちが集まって自分の好きな数値を投票して多数決をしている状況に少し似ていて、同じ数値を投票した人数が多いほど、結果はその数値に近付くことになる。サンプルから得られた値に、得られた回数分だけの重みを加味して足し合わせたものだと捉えることができるだろう。

しかし一方、サンプルを得る機会が一回きりしかない場合はどうだろう。ギャンブル、勝負事、ゲーム、戦略……。確率というのは、結果を得るチャンスが一回きりの場合によく使われる考え方だ。もしサンプルを得る機会が多数回あれば確率に比例する割合でそれぞれの結果の値が得られることになるだろう。しかしチャンスが一回しかない場合には仕方がないので、結果の値とそれが出る確率の重みを加味して足し合わせることを考える。確率というのは全体で1になるようにしてあるので最後に全体の数で割ってやる必要はない。これが「**期待値**」である。

要するに「一回きりのことについての全ての可能性の平均値」という奇妙な値だ。もし同じ条件で多数回繰り返せば平均値と同じ意味になる。

さて、量子力学では確率を使う。粒子の位置を測定すると、それは確率で決まるというのだった。粒子の本当の位置なんてものはない。ただ多数回、同じ条件で測定して平均を取ったらどの辺りになるだろうという推論だけはできるのである。

期待値は、得られる値と、その値が得られる確率を掛け合わせたものを合計すれば得られる。粒子が位置 x に見出される確率密度は $\psi^*\psi$ と計算できるので、これに x を掛けて積分してやれば粒子の位置の期待値 $\langle x \rangle$ が計算できる。

$$\begin{aligned} \langle x \rangle &= \int x \ \psi^* \psi \ \mathrm{d}x \\ &= \int \psi^* x \, \psi \ \mathrm{d}x \end{aligned}$$

この2行目で x をわざわざ ψ^* と ψ の間に挟む形に変形してあるが、こんな書き方をする利点は今のところ全くない。むしろ1行目のように計算するのが普通である。このように変形しておく理由はすぐ後で説明するが、本当の便利さは物理量を行列で表すことを学ぶときに理解できるだろう。残念ながらそれについてはこの本には入れることができなかった。

しばらく後でかの有名な不確定性原理を説明するつもりでいるので、その準備としてさらに運動量の期待値というものも定義しておきたい。そのためにまず速度の期待値 $\langle v \rangle$ を求めることにする。そしてそれに粒子の質量 m を掛けたものが「**運動量の期待値**」$\langle p \rangle$ であると定義しよう。

粒子の速度を測るには時間を置いて2回の位置測定をし、その位置の差を測定にかかった時間間隔で割る必要がある。しかし量子力学が適用されるミクロの領域では位置は測定するたびに確率的にばらつくので、そのような方法で粒子の速度を決定することには意味がない。

そこで速度の期待値 $\langle v \rangle$ は位置の期待値 $\langle x \rangle$ を時間で微分したものであると考えて求めることにしよう。粒子が見出される位置に平均的な移動傾向があるならば、その速度を速度の期待値だと見なそうというのである。

果たしてこれに質量 m を掛けた量は本当に運動量の期待値として相応しい値になるのだろうか？ 運動量なら原理上は一度の測定で求める方法があるが、その方法で多数の測定をしたときの平均が本当にこれから計算する量と同じになるという保証が欲しいところだ。

しかし残念ながら今まで説明した範囲ではそれを納得行くように証明することはできない。それについては次章でチャレンジしてみることにしよう。とにかくまずは $\langle v \rangle$ を計算することからだ。

$$\begin{aligned} \langle v \rangle &= \frac{\mathrm{d}}{\mathrm{d}t} \langle x \rangle \\ &= \frac{\mathrm{d}}{\mathrm{d}t} \int \psi^* x \psi \ \mathrm{d}x \\ &= \int \left(\frac{\partial \psi^*}{\partial t} x \psi + \psi^* x \frac{\partial \psi}{\partial t} \right) \mathrm{d}x \end{aligned}$$

まだ変形の途中だが説明を入れておこう。ここで x を時間微分しなかったのは、この x は期待値を求めるための手続きで入ったものであって、時間的に変化するものではないからである。単に積分の変数だということだ。

さて、この続きを計算するために、シュレーディンガー方程式と、それの複素共役を取ったものを用意する。

$$\begin{aligned} i\hbar \frac{\partial \psi}{\partial t} &= -\frac{\hbar^2}{2m} \frac{\partial^2 \psi}{\partial x^2} + V \psi \\ -i\hbar \frac{\partial \psi^*}{\partial t} &= -\frac{\hbar^2}{2m} \frac{\partial^2 \psi^*}{\partial x^2} + V \psi^* \end{aligned}$$

これらの左辺に $\frac{\partial \psi}{\partial t}$ という部分と $\frac{\partial \psi^*}{\partial t}$ という部分があるが、先ほどの式にも同じものがあるので、そこに代入して書き換えてやるのである。その結果、

$$\begin{aligned} \langle v \rangle = & \int \left[\left(-\frac{1}{i\hbar} \right) \left(-\frac{\hbar^2}{2m} \frac{\partial^2 \psi^*}{\partial x^2} + V \psi^* \right) x \psi \right. \\ & \qquad \left. + \psi^* x \left(\frac{1}{i\hbar} \right) \left(-\frac{\hbar^2}{2m} \frac{\partial^2 \psi}{\partial x^2} + V \psi \right) \right] \mathrm{d}x \\ = & \frac{\hbar}{2mi} \int \left(\frac{\partial^2 \psi^*}{\partial x^2} x \psi - \psi^* x \frac{\partial^2 \psi}{\partial x^2} \right) \mathrm{d}x \end{aligned}$$

のように V も消えてすっきりした形になる。しかしこれだけで満足せずに、この積分内の第 1 項を部分積分して第 2 項と似た形にしてぶつけてやろうと考える。よくやる手である。しばらく本線を離れて第 1 項の変形に専念しよう。

$$\int \frac{\partial^2 \psi^*}{\partial x^2} x \psi \ \mathrm{d}x = \left[\frac{\partial \psi^*}{\partial x} x \psi \right]_{-\infty}^{\infty} - \int \frac{\partial \psi^*}{\partial x} \frac{\partial}{\partial x} (x\psi) \, \mathrm{d}x$$

この右辺第１項は波動関数が無限遠で０になると仮定すれば消せる。残った第２項をさらに部分積分すれば、

$$
\begin{aligned}
&= -\int \frac{\partial \psi^*}{\partial x}\frac{\partial}{\partial x}(x\psi)\,\mathrm{d}x \\
&= -\left[\psi^*\frac{\partial}{\partial x}(x\psi)\right]_{-\infty}^{\infty} + \int \psi^* \frac{\partial^2}{\partial x^2}(x\psi)\ \mathrm{d}x
\end{aligned}
$$

となり、同様に第２項だけ残る。このまま続けよう。

$$
\begin{aligned}
&= \int \psi^* \frac{\partial^2}{\partial x^2}(x\psi)\ \mathrm{d}x \\
&= \int \psi^* \frac{\partial}{\partial x}\left(\psi + x\frac{\partial \psi}{\partial x}\right)\ \mathrm{d}x \\
&= \int \psi^* \left(\frac{\partial \psi}{\partial x} + \frac{\partial \psi}{\partial x} + x\frac{\partial^2 \psi}{\partial x^2}\right)\ \mathrm{d}x \\
&= \int \left(\ 2\ \psi^* \frac{\partial \psi}{\partial x} + \psi^* x \frac{\partial^2 \psi}{\partial x^2}\ \right)\ \mathrm{d}x
\end{aligned}
$$

ここで本線に戻って、結果を元の式に戻してやれば、

$$
\langle v \rangle \ = \ \frac{\hbar}{mi}\int \psi^* \frac{\partial}{\partial x}\psi\ \mathrm{d}x
$$

という結論を得る。もともとの目的であった運動量の期待値はこれに m を掛けて、

$$
\langle p \rangle \ = \ m\langle v \rangle \ = \ \int \psi^* \left(-i\hbar\frac{\partial}{\partial x}\right)\psi\ \mathrm{d}x
$$

ということになる。大切なことに気付けるように係数を真ん中に寄せておいた。この組み合わせに見覚えがあるはずだ。これは第１章でシュレーディンガー方程式を導くときに使ったもので、波動関数 ψ が指数関数の形をしているときには

$$
-i\hbar\frac{\partial}{\partial x}\psi \ = \ p\,\psi
$$

のようにして関数の中から運動量の値を取り出すことができるのだった。それと同じものが、今回の計算結果の中にも現れている！

これを毎回 $-i\hbar\frac{\partial}{\partial x}$ のように具体的に書くのは面倒なので、今後は p の上に山型の記号（ハット）を付けた $\hat{p}$ という記号で表すことにしよう。

$$\hat{p} \ \equiv \ -i\hbar\frac{\partial}{\partial x}$$

この $\hat{p}$ 自体には実体はなくて、これはただ、この後ろに来る関数 ψ に対して「x で偏微分してから $-i\hbar$ を掛けなさい」という計算の指示を与える働きをするものである。このように計算の指示を与える記号のことを「**演算子**」と呼ぶ。数学分野では演算子のことを作用素と呼んでいるので、数学寄りの本を読むときには混乱しないようにして欲しい。演算子と作用素は分野によって呼び方が違うだけで全く同じものだ。

$\hat{p}$ は「運動量を意味する演算子」である。これを使えば $\langle p\rangle$ を求める式は

$$\langle p\rangle \ = \ \int \psi^* \, \hat{p} \, \psi \ \mathrm{d}x$$

とシンプルに表せる。形式的に同じ考えを当てはめれば位置を表す演算子 $\hat{x}$ はただの x だと言える。波動関数 ψ に対して「x を掛けなさい」という指示を出していると考えるわけだ。

$$\langle x\rangle \ = \ \int \psi^* \, \hat{x} \, \psi \ \mathrm{d}x$$

それにしても、運動量の演算子を挟んで積分すれば運動量の期待値が求められるとは、あまりに出来過ぎた話ではないか！こうなるべき理由をうまく説明する方法はあるだろうか？

それはそんなに単純な理屈ではないようだ。以前の私は、

$$\begin{aligned}\langle p\rangle \ &= \ \int \psi^* \ \hat{p} \ \psi \ \mathrm{d}x \\ &= \ \int \psi^* \ p(x) \ \psi \ \mathrm{d}x \\ &= \ \int p(x) \ \psi^*\psi \ \mathrm{d}x\end{aligned}$$

という変形が成り立つと考えて位置の期待値と同じ理屈でこういうことが言えるのだと考えていた時期がある。しかしこれは波動関数が指数関数の形をしている単純な波以外の場合には成り立たないし、たとえ指数関数だっ

たとしてもそれを無限の範囲で積分すると発散してしまうので、結局うまく行かない。

とはいうものの、これはそれほどひどく間違ったイメージでもない。この段階ではまだ数学の知識が足りないために、見落としがあるのである。フーリエ変換を学べば準備が整うので、次章の終わり近くでこのイメージを救出することにしよう。

4.5　エーレンフェストの定理

前節で求めた期待値について面白い関係が成り立っている。「平均的に見れば、粒子の位置と運動量はニュートンの運動方程式に従っている」ということが言えるのである。少々面倒だがやってみよう。

$\langle p \rangle$ をさらに時間で微分してやる。前節でやったのとほとんど同じ計算なので説明は最小限にしよう。

$$
\begin{aligned}
\frac{\mathrm{d}}{\mathrm{d}t}\langle p \rangle &= \frac{\mathrm{d}}{\mathrm{d}t}\int \psi^* \left(-i\hbar\frac{\partial}{\partial x}\right)\psi \ \mathrm{d}x \\
&= \int \left[\frac{\partial \psi^*}{\partial t}\left(-i\hbar\frac{\partial}{\partial x}\right)\psi \ + \ \psi^*\left(-i\hbar\frac{\partial}{\partial x}\right)\frac{\partial \psi}{\partial t}\right] \ \mathrm{d}x \\
&= \int \left[\left(-\frac{1}{i\hbar}\right)\left(-\frac{\hbar^2}{2m}\frac{\partial^2\psi^*}{\partial x^2} + V\psi^*\right)\left(-i\hbar\frac{\partial}{\partial x}\right)\psi \right. \\
&\qquad \left. + \ \psi^*\left(-i\hbar\frac{\partial}{\partial x}\right)\left(\frac{1}{i\hbar}\right)\left(-\frac{\hbar^2}{2m}\frac{\partial^2\psi}{\partial x^2} + V\psi\right)\right] \ \mathrm{d}x \\
&= \int \left[\left(-\frac{\hbar^2}{2m}\frac{\partial^2\psi^*}{\partial x^2} + V\psi^*\right)\left(\frac{\partial}{\partial x}\right)\psi \right. \\
&\qquad \left. + \psi^*\left(-\frac{\partial}{\partial x}\right)\left(-\frac{\hbar^2}{2m}\frac{\partial^2\psi}{\partial x^2} + V\psi\right)\right] \ \mathrm{d}x
\end{aligned}
$$

式変形がページをまたいでしまって申し訳ない。前ページの最後の式と同じものをもう一度書いてから続けよう。

$$
\begin{aligned}
&= \int \left[\left(-\frac{\hbar^2}{2m}\frac{\partial^2 \psi^*}{\partial x^2} + V\psi^* \right) \left(\frac{\partial}{\partial x} \right) \psi \right. \\
&\qquad \left. + \psi^* \left(-\frac{\partial}{\partial x} \right) \left(-\frac{\hbar^2}{2m}\frac{\partial^2 \psi}{\partial x^2} + V\psi \right) \right] \, \mathrm{d}x \\
&= \int \left[\left(-\frac{\hbar^2}{2m}\frac{\partial^2 \psi^*}{\partial x^2} \right) \left(\frac{\partial}{\partial x} \right) \psi \; - \; \psi^* \left(\frac{\partial}{\partial x} \right) \left(-\frac{\hbar^2}{2m}\frac{\partial^2 \psi}{\partial x^2} \right) \right. \\
&\qquad \left. + V\psi^* \left(\frac{\partial}{\partial x} \right) \psi \; - \; \psi^* \left(\frac{\partial}{\partial x} \right) (V\psi) \right] \, \mathrm{d}x \\
&= \int \left[\left(-\frac{\hbar^2}{2m} \right) \left(\frac{\partial^2 \psi^*}{\partial x^2}\frac{\partial \psi}{\partial x} - \psi^* \frac{\partial^3 \psi}{\partial x^3} \right) \right. \\
&\qquad \left. + V\psi^* \left(\frac{\partial}{\partial x} \right) \psi - \psi^* \left(\frac{\partial}{\partial x} \right) (V\psi) \right] \, \mathrm{d}x
\end{aligned}
$$

この最後の式の 1 行目の括弧の中の二つの項は、前節の計算と同じ要領で最初の項を 2 回部分積分をすれば、もう一つの項と打ち消し合って消えてしまう。その計算は省略しよう。

$$
\begin{aligned}
&= \int \left[V\psi^* \left(\frac{\partial}{\partial x} \right) \psi - \psi^* \left(\frac{\partial}{\partial x} \right) (V\psi) \right] \, \mathrm{d}x \\
&= \int \left[V\psi^* \frac{\partial}{\partial x}\psi - \psi^* \left(\frac{\partial V}{\partial x} \right) \psi - V\psi^* \frac{\partial}{\partial x}\psi \right] \, \mathrm{d}x \\
&= \int \psi^* \left(-\frac{\partial V}{\partial x} \right) \psi \, \mathrm{d}x \\
&= \int \psi^* F(x) \, \psi \, \mathrm{d}x \\
&= \langle F \rangle
\end{aligned}
$$

古典力学ではポテンシャルエネルギー $V(x)$ と力 $F(x)$ の間に

$$
F(x) \; = \; -\frac{\partial V}{\partial x}
$$

という関係が成り立っており、この右辺と同じものが式変形で現れたので $F(x)$ に書き換えた。その結果得られたのが力の期待値 $\langle F \rangle$ である。

これで次の二つの式が求まったわけだ。

$$m\frac{\mathrm{d}}{\mathrm{d}t}\langle x\rangle = \langle p\rangle$$
$$\frac{\mathrm{d}}{\mathrm{d}t}\langle p\rangle = \langle F\rangle$$

上側の式を下側に代入すればニュートンの運動方程式と同じ関係になる。

エーレンフェストの定理

$$m\frac{\mathrm{d}^2}{\mathrm{d}t^2}\langle x\rangle = \langle F\rangle$$

つまり期待値の間には古典力学と同じ関係が成り立っているのだ。

もともと古典力学を基にして波動方程式を作ったのだから、このような結果が導かれることにはそれほど驚きを感じないかも知れない。しかしこれは重要な結果だ。ここらで考え方を逆転させておいた方がいい。

確かにここまで、形式的には運動方程式から波動方程式を導くという順序で進んでは来た。しかしこの定理が意味するのは、「**この世界の根本にシュレーディンガー方程式に従う波動が存在しているからこそ、我々にはあたかもニュートンの運動方程式が成り立っているように見えているのだ**」ということだ。

なぜこの定理からそんなことまで言えるのかについてはもう少し詳しい説明が必要だが、それはしばらく後にしよう。今は期待値の計算をしたついでにこの定理を求めただけなのだった。とにかくこの定理によって、ニュートン力学が成り立っている理由がより根本のレベルから説明できるようになるわけで、我々はまた一歩、本質に近付いたと言える。ニュートンの運動方程式は量子力学的な法則の結果に過ぎなかったのだ。

量子力学は常識の通用しない不思議な世界だと人は言う。実はそうではない。我々が世界の表面しか見ずにそれを常識だと思って生きてきただけなのである。

4.6　エルミート演算子

量子力学においては物理量は演算子で表されるものらしいということが次第に明らかになってきた。そして演算子を波動関数で挟み込んで積分することでその期待値が計算できるようだ。しかし期待値は実数として得られなければ我々にとって意味が無い。波動関数は複素数で表されるものであるのに、期待値の計算結果が実数になるという保証は一体どこにあるというのだろう？

実数の複素共役を取ったものは元の値と何も変わらないのだった。それを頼りにして考えてみよう。ある物理量 A を表す演算子 $\hat{A}$ を使って期待値 $\langle A \rangle$ を計算したとき、$\langle A \rangle = \langle A \rangle^*$ が成り立っていれば、それは実数だと言えるわけだ。

$$
\begin{aligned}
\langle A \rangle &= \int \psi^* \hat{A}\, \psi \ \mathrm{d}x \\
\langle A \rangle^* &= \left(\int \psi^* \hat{A}\, \psi \ \ \mathrm{d}x \right)^* \\
&= \int \psi \left(\hat{A}\, \psi \right)^* \ \mathrm{d}x \ = \ \int \left(\hat{A}\, \psi \right)^* \psi \ \mathrm{d}x
\end{aligned}
$$

であるから、要するにどんな関数 $\psi(x)$ に対しても演算子 $\hat{A}$ が次の条件を満たすようであれば問題ないわけだ。

$$
\int \psi^* \hat{A}\, \psi \ \mathrm{d}x \ = \ \int \left(\hat{A}\, \psi \right)^* \psi \ \mathrm{d}x \tag{1}
$$

このような条件を満たす演算子 $\hat{A}$ を「**エルミート演算子**」と呼ぶことにしよう。「どんな関数に対しても」と書いたものの、それでは積分結果が無限大になってしまったりして都合が悪い場合がある。そこで $\psi(x)$ は「2 乗可積分な関数」つまり関数の絶対値の 2 乗を範囲無限大で積分したときに無限大に発散してしまわないような関数、大雑把に言えば無限遠で 0 になるような関数であるとしておこう。

さて、他の教科書ではエルミート演算子の定義はこうではなく、次のように表現されているかも知れない。

エルミート演算子の定義

$$\int \psi^* \hat{A}\, \phi \, \mathrm{d}x \;=\; \int \left(\hat{A}\, \psi \right)^* \phi \, \mathrm{d}x \tag{2}$$

(1) 式では $\psi(x)$ しか使われていないが、(2) 式にはそれとは異なる関数 $\phi(x)$ も使われている。(2) 式の左辺では演算子 $\hat{A}$ は $\phi(x)$ に作用しているが、右辺では $\psi(x)$ に作用する形になっているところに特徴がある。このように (1) 式と (2) 式ではまるで違った意味のことをやっているようなのだが、実はどちらの表現を使っても全く同じ意味になっているのである。(2) 式に $\phi(x) = \psi(x)$ を代入すれば (1) 式が導かれることはすぐに分かるだろう。そして (1) 式から (2) 式を導くことも少し手間は掛かるが可能である。ちょっとやってみせよう。

二つの異なる関数 $f(x)$ と $g(x)$ を組み合わせて $f(x) + \lambda\, g(x)$ という関数を作り、それを $\psi(x)$ として (1) 式に代入してみる。λ は任意の複素数である。

$$\begin{aligned}
&\int \Big[f(x) + \lambda\, g(x) \Big]^* \hat{A} \Big[f(x) + \lambda\, g(x) \Big] \, \mathrm{d}x \\
&\quad = \int \left(\hat{A} \Big[f(x) + \lambda\, g(x) \Big] \right)^* \Big[f(x) + \lambda\, g(x) \Big] \, \mathrm{d}x
\end{aligned}$$

ややこしく見えるが、素直に展開してやれば意外とすっきりするはずだ。

$$\begin{aligned}
&\int \Big[\cancel{f^* \hat{A} f} \;+\; \lambda f^* \hat{A} g \;+\; \lambda^* g^* \hat{A} f \;+\; (\lambda^* \lambda)\, \cancel{g^* \hat{A} g} \Big] \, \mathrm{d}x \\
&= \int \Big[\cancel{(\hat{A} f)^* f} \;+\; \lambda (\hat{A} f)^* g \;+\; \lambda^* (\hat{A} g)^* f \;+\; (\lambda^* \lambda)\, \cancel{(\hat{A} g)^* g} \Big] \, \mathrm{d}x
\end{aligned}$$

斜線を引いてあるのは、(1) 式の関係を使うことで両辺で打ち消し合うだろうと見込んでのことだ。結局この式は全て左辺に移して次のようにまとめられる。

$$\begin{aligned}
&\lambda \left[\int f^* \hat{A} g \, \mathrm{d}x \;-\; \int (\hat{A} f)^* g \, \mathrm{d}x \right] \\
&\quad + \; \lambda^* \left[\int g^* \hat{A} f \, \mathrm{d}x \;-\; \int (\hat{A} g)^* f \, \mathrm{d}x \right] \;=\; 0
\end{aligned}$$

これはどんな複素数 λ に対しても成り立つべきであるから、それぞれの括弧の中が 0 でなくてはならないことになる。それが意味するのは実質的に (2) 式と同じものである。こうして (1) 式と (2) 式の条件が同値であることが言えたわけだ。

運動量の演算子 $\hat{p}$ がエルミート演算子であるかどうかを確認しておこう。部分積分を使えばいいだけだからすぐに終わる。

$$\begin{aligned} \int (\hat{p}\,\psi)^*\ \phi\ \mathrm{d}x &= \int \left(-i\hbar\frac{\partial}{\partial x}\psi\right)^*\ \phi\ \mathrm{d}x \\ &= i\hbar \int \frac{\partial \psi^*}{\partial x}\,\phi\ \mathrm{d}x \\ &= i\hbar\Big[\psi^*\,\phi\Big]_{-\infty}^{\infty} - i\hbar \int \psi^*\,\frac{\partial \phi}{\partial x}\ \mathrm{d}x \\ &= -i\hbar \int \psi^*\,\frac{\partial \phi}{\partial x}\ \mathrm{d}x \\ &= \int \psi^*\,\left(-\,i\hbar\frac{\partial}{\partial x}\right)\phi\ \mathrm{d}x \\ &= \int \psi^*\,\hat{p}\,\phi\ \mathrm{d}x \end{aligned}$$

定義通りであって、問題ないことが分かる。

古典力学での粒子の運動は、位置と運動量という二つの量の組み合わせで表現できる。質量なども使うが、それは定数として入ってくるだけである。そうなると、すでに馴染みのあるような物理量は何であっても、位置と運動量の演算子を組み合わせて表現できるということになりそうだ。

ここで気を付けないといけないことがある。エルミート演算子の積は必ずしもエルミート演算子にはならないという点だ。例えば、物理量 A と B の積で表された物理量 C があったとしよう。その演算子を次のように表してみたとする。

$$\hat{C} = \hat{A}\hat{B}$$

$\hat{A}$ も $\hat{B}$ もエルミート演算子のとき、$\hat{C}$ はエルミート演算子だと言えるだろうか。

$$\begin{aligned}\int\left(\hat{C}\psi\right)^*\phi\,\mathrm{d}x &= \int\left(\hat{A}\hat{B}\psi\right)^*\phi\,\mathrm{d}x \\ &= \int\left(\hat{B}\psi\right)^*\hat{A}\phi\,\mathrm{d}x \\ &= \int\psi^*\,\hat{B}\hat{A}\phi\,\mathrm{d}x\end{aligned}$$

となり、$\hat{C} = \hat{B}\hat{A}$ が成り立っていない限りは $\hat{C}$ はエルミート演算子の条件を満たせない。要するに $\hat{A}\hat{B} = \hat{B}\hat{A}$ でない限りはうまく行かないということだ。そしてこの条件は成り立たないことがよくある。波動関数に対してどちらの演算子を先に作用させるかによって結果が違ってきてしまうのである。座標と運動量はその典型的な例だ。先に座標を掛けてしまうと、運動量の演算子には座標の偏微分が含まれているから、これは座標と波動関数の両方に演算しなければならなくなる。

$$\begin{aligned}\hat{p}\,\hat{x}\,\psi &= -i\hbar\frac{\partial}{\partial x}(x\psi) \\ &= -i\hbar\frac{\partial x}{\partial x}\psi - i\hbar\,x\frac{\partial}{\partial x}\psi \\ &= -i\hbar\,\psi - i\hbar\,x\frac{\partial}{\partial x}\psi\end{aligned}$$

一方、その逆の場合にはそんなに面倒なことは起きない。

$$\begin{aligned}\hat{x}\,\hat{p}\,\psi &= x\left(-i\hbar\frac{\partial}{\partial x}\right)\psi \\ &= -i\hbar\,x\frac{\partial}{\partial x}\psi\end{aligned}$$

つまり、計算するときに掛ける順序を交換することで結果が違ってきてしまうことになる。これを「**非可換**である」と言う。

二つの演算子の順序を交換しても問題がないかどうかは、実際に交換してみて両者の差を取ってやったものを計算しておけばよく分かる。もしそれが 0 になるならばどちらを先に掛けようが差はないわけで、演算子の順序は**交換可能**だというわけだ。この状況のことを「**可換**である」とも言う。

座標と運動量についての「交換関係」がどうなっているかを計算すると

次のようになる。

$$\hat{x}\hat{p}\psi - \hat{p}\hat{x}\psi = i\hbar\psi$$

ψ は計算の意味に誤解がないように書いておいただけのものであって、省略してやることが多い。

$$\hat{x}\hat{p} - \hat{p}\hat{x} = i\hbar$$

この関係式を「**交換子**」と呼ばれる記号を使って、次のようにシンプルに表現することもよく行われる。

位置と運動量の交換関係

$$\left[\hat{x},\hat{p}\right] = i\hbar$$

すでに説明は不要かも知れないが、ここで使っている交換子の定義は次のようなものである。

$$\left[\hat{A},\hat{B}\right] \equiv \hat{A}\hat{B} - \hat{B}\hat{A}$$

このように、交換関係の式の右辺が 0 でなければ二つのエルミート演算子の積はエルミート演算子にはなれないわけだが、それ自体は深刻な問題でもない。物理量 C が古典力学では物理量 A と B の積であったとする。そして $\hat{A}$ と $\hat{B}$ とが非可換なエルミート演算子であったとしても、例えば次のように表せば $\hat{C}$ が $\hat{A}$ と $\hat{B}$ の積でありながらもエルミート演算子でいられるからである。

$$\hat{C} = \frac{1}{2}(\hat{A}\hat{B} + \hat{B}\hat{A})$$

本当の問題は、物理量がもっと複雑になったときに、それがエルミート演算子になるような作り方が複数でてきて、そのうちのどれを使えば正しい量子力学の理論が作れるのかを決める方法がはっきりしないことである。古典力学のあらゆる問題が、そのまま量子力学に翻訳できるという保証がないのである。しかし以後、この本ではそのような問題は出てこない。

位置と運動量の交換関係が0にならないとは言っても、それは座標の x 成分と運動量の x 成分、位置の y 成分と運動量の y 成分などの場合に言えることで、異なる成分どうしならば交換できる。一例だけ挙げれば、次のような関係になっている。

$$\left[\,\hat{y}\,,\hat{p}_z\,\right] \;=\; 0$$

y と $-i\hbar\frac{\partial}{\partial z}$ とではお互いに全く影響し合わないからである。そういうわけで、角運動量のような量は問題なくエルミート演算子に翻訳できるのである。残念ながらこの本には角運動量についての話を入れることができなかった。

4.7　不確定性原理

「不確定性原理」という言葉を聞いたことがあると思う。この本でもここまでにたびたび触れてきたし、解説はそこら中にあふれている。要はミクロな領域では粒子の位置と運動量は同時に正確には決められず、次のような関係が成り立っているというものだ。

位置と運動量の不確定性関係

$$\Delta x\,\Delta p \geqq \frac{\hbar}{2}$$

一方の測定誤差を極めて小さくすれば他方の測定誤差が極めて増すことになり、どんなに頑張っても測定の誤差の積を一定以下には下げることができない。そこにはなぜかプランク定数が関係している。とまぁ、こんな内容である。

ここで少し注意書きが必要になってくる。実は1993年になって測定に関する用語の国際基準が見直され、「誤差」という言葉の使い方も大きく変更を受けることになった。新しい基準では「**誤差**」と「**不確かさ**」を意味の異なる用語として明確に区別しなければならなくなったのである。「不確かさ」というのは耳慣れないし発音しにくいし、取って付けた感じもするような用語であるから、古い教育を受けて慣れてきた私にとっては、あまり喜んで使いたい気がするものでもない。しかしこの本が科学の解説本である以上は古い基準での考え方を広めるわけにも行かない。このような用語の見直しは科学が一歩未来へと進んだことの証である。測定の重要さが認識されるようになったということだ。これまで測定に関する諸概念が整理されずに曖昧なままでまかり通ってきたことの反省でもある。

実際は純粋に科学的な動機でこのような変更が広まったわけではなく、それまで国ごとに異なる基準での測定を行って製品の品質を評価していたものを、世界共通の規格を導入して工業の連携をスムーズにしようというものである。ここ最近であちこちの企業が取り組み始めたISOというやつだ。しかし科学と技術は密接に関係しているし、この変更による科学への影響も広がり始めているところである。

どう変わったかを簡単に話そう。物の長さや重さや速度など、諸々の測定を行うとき、測定対象が真の値と呼べるものを持っていたとしても、測定値はそこから僅かながらどうしてもズレてしまうものである。その真の値と測定値の差のことだけを指して「誤差」と呼ぶことになった。これについては変更以前とあまり変わらない。

さて、測定値がズレる原因は色々とある。測定対象に揺れやバラつきがあったり、測定装置の側や環境の側での制御し切れない要因や、その他の未知の要因によって、測定値の幅が広がったり一方へずれたりするものである。そのような測定値のバラつきの程度のことを「不確かさ」と呼ぶことになった。

かつては「誤差」と「不確かさ」の違いをあまり意識していなかったので、『誤差には大きく分けて「偶然誤差」と「系統誤差」の二種類がある』というような言い方で分類がされていたものである。しかし今では前者を「確率的不確かさ」と呼び、後者を「系統的不確かさ」と呼ぶのが普通になってきている。偶然的な要因に左右される不確かさと、それ以外の要因による不確かさである。前者は真の値の周りにバラつく傾向があるが、後者は真の値から一定方向にずれる傾向がある。

このように用語を変更したことの最も重要な意味は、測定対象が「真の値」と呼べるものを持たない場合であっても「不確かさ」を評価することができるという点である。以前は統計的な測定を行うときなどにこの辺りが曖昧だったのである。しかしよく考えてみれば、そもそも真の値というものがあったとしてもそれを知ることなど決してできないものである。だからそのような概念を排除した上で、測定の信頼性を評価する共通手法を定めるようにしたのである。

量子力学の考えによれば、物理量の測定値は確率によって決まるのであり、真の値というものは元から存在していない。だから先ほどのように不確定性原理の説明に「誤差」という言葉を使うのは今では厳密には誤りなのである。代わりに「不確かさ」の方を使うべきであった。**今後は誤差という言葉をなるべく使わないで話を進めることにしよう。**簡単な注釈を入れるだけのつもりが、ついつい長くなってしまった。本題に戻ろう。

不確定性原理が「原理」と呼ばれているからには、この概念を基にして量子力学の体系が作られているのだろうかと思うかも知れないが、そうではない。アインシュタイン-ド・ブロイの関係式も導き出せないし、波動関数の概念やシュレーディンガー方程式が出てくるわけでもない。

むしろ逆であって、不確定性関係は量子力学の体系から自然に導かれるものであるようだ。ちょっとやってみようか。いや、その前に少し「量子力学的な不確かさ」の意味について考えてみる必要があるだろう。

その前に確認しておきたいのだが、標準偏差という言葉を知っているだろうか。テストの採点結果が全体的にどれだけばらついているかを数値化したいときなどに使うものである。普通は起こり得ないことではあるが、テストを受けた全員が全員、なぜか平均点と全く同じ点数であった場合には、標準偏差は0だということになる。そして平均点から離れて広い範囲にばらつくほど標準偏差は大きな数字になる。どういう計算をすればそういう意味の値が導けるだろう？

まず各人の点数と平均点との差を取る。それを全員分合計してやればそれらしい意味になりそうだが、そのままではプラスとマイナスが入り混じって結局0になってしまって意味がない。それを防ぐために2乗してから合計するのである。なぜ2乗するのだろう？ 代わりに絶対値を取るのではだめなのだろうか？ まぁそれでもばらつきを表すという目的は果たせるのだが、2乗しておいた方が扱いやすく、統計上面白い応用があるなどと言った利点があるのでよく使うだけの話である。

さて、ばらつきを合計しただけでは受験人数が多くなればなるほど数字が大きくなってしまうので人数で割ってやる必要がある。そうして出来た値を「**分散**」と呼ぶ。このままでもばらつきを表す数字になっているのだが、前に 2 乗した分が気持ち悪いので平方根を取って次元を元に戻してやったものが「**標準偏差**」だというわけである。

余談だが、大学受験などでよく使われる「偏差値」というのは、自分の点数が平均値と全く同じなら 50、そこから「標準偏差」と同じだけ上にずれた点数を取ると 60、標準偏差の 2 倍上にずれると 70 などとなるように、かなり人為的な定義で計算したものだ。例え平均点よりメチャクチャ高い点数を取ったとしても、全体の点数が広い範囲にばらついていればそんなに珍しい成績でもないだろう、という判断ができるわけだ。

量子力学における「測定の不確かさ」というのはこの標準偏差と同じ意味である。ただし平均値からの差ではなく、期待値からの差を考えることになる。つまり、ある物理量を測定したときに、どうしても確率的にばらついてしまうのが避けられないわけだが、**その測定値が期待値の周辺に集中して見出される傾向があるのか、それとも広い範囲に散らばって見出される傾向があり、期待値から遠い値が得られる可能性もそこそこ高いのか、**ということを表す数字なのである。よってよくある勘違いだが、測定で得られる値が期待値から $\pm\Delta p$ だけずれた範囲内に必ず収まるという意味ではない。確率は低いがその範囲からひどく外れた値になることだって十分あり得るわけだ。このばらつきは測定機器の精度や外来ノイズによるものではなくて、量子力学の理論体系が確率に頼る形でしか構築できない以上はどうしても生じてしまうものである。

量子力学における「不確かさ」を実際に式でどう表せるのかを計算してみよう。まず、物理量 A を測定し、期待値 $\langle A\rangle$ からの差を計算し、2 乗する。

$$(\hat{A} - \langle A\rangle)^2$$

先ほどのテストの点数の例ではこの値を沢山集めて合計して人数で割ったが、同様の意味のことを行うには、どの測定値がどの程度の割合で現れるかという「確率の重み」を考慮に入れて積分することになる。確率の重みは波動関数の絶対値の 2 乗で表せるので、その時々の物理量を演算子で取り出しながら次のように計算する。

$$\begin{aligned} &\int \psi^* \left(\hat{A} - \langle A \rangle \right)^2 \psi \ \mathrm{d}x \\ = &\int \psi^* \left(\hat{A}^2 - 2\langle A \rangle \hat{A} + \langle A \rangle^2 \right) \psi \ \mathrm{d}x \end{aligned}$$

期待値 $\langle A \rangle$ はただの実数であり、積分の外に出してやって構わないから、

$$\begin{aligned} &= \int \psi^* \hat{A}^2 \psi \, \mathrm{d}x \ - \ 2\langle A \rangle \int \psi^* \hat{A} \psi \, \mathrm{d}x \ + \ \langle A \rangle^2 \int \psi^* \psi \, \mathrm{d}x \\ &= \langle A^2 \rangle - 2\langle A \rangle \langle A \rangle + \langle A \rangle^2 \\ &= \langle A^2 \rangle - \langle A \rangle^2 \end{aligned}$$

ということになる。結局ここまでの計算は、

$$\blacktriangle \hat{A} \ \equiv \ \hat{A} \ - \ \langle A \rangle$$

のように新しく定義してやった演算子の 2 乗の期待値を計算したのと同じことであり、それを $\langle (\blacktriangle A)^2 \rangle$ のように書こう。つまり、

$$\langle (\blacktriangle A)^2 \rangle \ = \ \langle A^2 \rangle - \langle A \rangle^2$$

という結果を得たことになる。これは分散を計算したのと同じ意味であるから、物理量 A の不確かさ ΔA は、

$$\Delta A = \sqrt{\langle (\blacktriangle A)^2 \rangle} \ = \ \sqrt{\langle A^2 \rangle - \langle A \rangle^2}$$

のように表せるということだ。これを ΔA の定義として使ってもいいだろう。

せっかくこのようなすっきりした関係を導いたのだが、この本ではこの後、この関係を使って議論を深める予定はない。豆知識的なものだと思って頭のどこかにしまっておいてほしい。しかし、$\Delta A = \sqrt{\langle (\blacktriangle A)^2 \rangle}$ の両辺を 2 乗することで

$$(\Delta A)^2 = \langle (\blacktriangle A)^2 \rangle$$

という関係が成り立つことが言える。これはこの後の計算で利用するつもりである。似たような記号が色々と出てくることについては本当に申し訳

ないと思っている。▲ という記号は、読者の混乱を減らすための私の工夫であって、他では使っていないものである。

ではいよいよ、不確定性関係を数学的に導く作業に取り掛かろう。まずは、波動関数 $\psi(x)$ に次のような「意味のよく分からない組み合わせの演算子」が作用することで得られる関数 $f(x)$ というものを導入しよう。

$$f(x) \;=\; \left(\blacktriangle\hat{A} \;+\; i\lambda\,\blacktriangle\hat{B}\right)\psi(x)$$

この関数 $f(x)$ に物理的な意味はないと考えてもらっていいだろう。不確定性関係が常に成り立っているべきことを数学的に示すのが目的であり、そのための技巧に過ぎない。この関数 $f(x)$ の絶対値の 2 乗を積分してやれば、もちろんそれは 0 以上の実数になるであろう。

$$\int |f(x)|^2\,\mathrm{d}x \;=\; \int f^*(x)\,f(x)\,\mathrm{d}x \;\geqq\; 0$$

それを今から具体的に計算してやることにする。

$$\begin{aligned}
&\int f^*(x)\,f(x)\,\mathrm{d}x \\
&\quad= \int \left[\left(\blacktriangle\hat{A}+i\lambda\blacktriangle\hat{B}\right)\psi\right]^*\left[\left(\blacktriangle\hat{A}+i\lambda\blacktriangle\hat{B}\right)\psi\right]\,\mathrm{d}x \\
&\quad= \int \left[\left(\blacktriangle\hat{A}\psi\right)^* - i\lambda\left(\blacktriangle\hat{B}\psi\right)^*\right]\left[\blacktriangle\hat{A}\psi + i\lambda\blacktriangle\hat{B}\psi\right]\,\mathrm{d}x \\
&\quad= \int \Big[\left(\blacktriangle\hat{A}\psi\right)^*\left(\blacktriangle\hat{A}\psi\right) \;+\; i\lambda\left(\blacktriangle\hat{A}\psi\right)^*\left(\blacktriangle\hat{B}\psi\right) \\
&\qquad\qquad - i\lambda\left(\blacktriangle\hat{B}\psi\right)^*\left(\blacktriangle\hat{A}\psi\right) \;+\; \lambda^2\left(\blacktriangle\hat{B}\psi\right)^*\left(\blacktriangle\hat{B}\psi\right)\Big]\,\mathrm{d}x \\
&\quad= \int \Big[\psi^*\blacktriangle\hat{A}\left(\blacktriangle\hat{A}\psi\right) \;+\; i\lambda\psi^*\blacktriangle\hat{A}\left(\blacktriangle\hat{B}\psi\right) \\
&\qquad\qquad - i\lambda\psi^*\blacktriangle\hat{B}\left(\blacktriangle\hat{A}\psi\right) \;+\; \lambda^2\psi^*\blacktriangle\hat{B}\left(\blacktriangle\hat{B}\psi\right)\Big]\,\mathrm{d}x
\end{aligned}$$

この最後の式への変形が分かりにくいかも知れない。これは少し前の「エルミート演算子の定義」で使った関係を利用しているのである。

さらに続けよう。

$$= \int \left[\psi^* (\blacktriangle \hat{A})^2 \psi \ + \ i\lambda \psi^* (\blacktriangle \hat{A} \blacktriangle \hat{B} - \blacktriangle \hat{B} \blacktriangle \hat{A}) \psi \ + \ \lambda^2 \psi^* (\blacktriangle \hat{B})^2 \psi \right] \mathrm{d}x$$

$$= \langle (\blacktriangle A)^2 \rangle \ + \ i\,\lambda \, \langle [\blacktriangle \hat{A}, \blacktriangle \hat{B}] \rangle \ + \ \lambda^2 \, \langle (\blacktriangle B)^2 \rangle$$

$$= (\Delta A)^2 \ + \ i\,\lambda \, \langle [\hat{A}, \hat{B}] \rangle \ + \ \lambda^2 \, (\Delta B)^2$$

$$= (\Delta A)^2 \ - \ \lambda \, \langle k \rangle \ + \ \lambda^2 \, (\Delta B)^2$$

この変形の途中では $[\blacktriangle \hat{A},\, \blacktriangle \hat{B}] = [\hat{A},\, \hat{B}]$ であることを使った。それは次のようにして示せる。

$$\begin{aligned} [\blacktriangle \hat{A},\, \blacktriangle \hat{B}] \ &= \ \blacktriangle \hat{A} \, \blacktriangle \hat{B} \ - \ \blacktriangle \hat{B} \, \blacktriangle \hat{A} \\ &= \ \Big(\hat{A} - \langle A \rangle \Big) \Big(\hat{B} - \langle B \rangle \Big) \ - \ \Big(\hat{B} - \langle B \rangle \Big) \Big(\hat{A} - \langle A \rangle \Big) \\ &= \ \Big(\hat{A}\hat{B} - \hat{A}\langle B \rangle - \langle A \rangle \hat{B} + \langle A \rangle \langle B \rangle \Big) \\ &\quad\ - \ \Big(\hat{B}\hat{A} - \hat{B}\langle A \rangle - \langle B \rangle \hat{A} + \langle B \rangle \langle A \rangle \Big) \\ &= \ \hat{A}\hat{B} \ - \ \hat{B}\hat{A} \\ &= \ [\hat{A},\, \hat{B}] \end{aligned}$$

演算子どうしの順序を不用意に変えてしまうことは許されていないが、$\langle A \rangle$ や $\langle B \rangle$ はただの実数なのでそのような制限はなく、気楽に計算してやればいいのである。また

$$[\hat{A},\, \hat{B}] \ = \ ik$$

という形になっていると仮定して k を導入した。k は演算子であることもあれば、ただの実数であることもある。とにかく、これら一連の計算によって次の式が成り立っていなくてはならないことを導いたことになるのである。

$$(\Delta B)^2 \, \lambda^2 \ - \ \langle k \rangle \, \lambda \ + \ (\Delta A)^2 \ \geqq \ 0$$

この左辺は λ についての 2 次関数になっており、2 次関数のグラフが常に 0 以上であるための条件というのは高校の数学で解ける話だろう。判別

式を使えばいいのである。

$$(-\langle k\rangle)^2 \ - \ 4\,(\Delta B)^2\,(\Delta A)^2 \ \leqq \ 0$$
$$\therefore (\Delta A)^2\,(\Delta B)^2 \ \geqq \ \langle k\rangle^2/4$$
$$\therefore \Delta A\,\Delta B \ \geqq \ |\langle k\rangle|/2$$

このことから常に次の関係が言えることになる。

ロバートソンの不等式

$$\Delta A\,\Delta B \ \geqq \ \frac{|\langle[\hat{A},\hat{B}]\rangle|}{2}$$

これが一般の物理量 A と B で成り立つ不確定性関係の式である。この式の右辺には前に書いた「交換関係」の式が含まれている。物理量 A と B の代わりに x と p を代入してやれば初めに書いた不確定性原理の式になるわけだ。以上の計算から、演算子が交換できない二つの物理量の間には必ず「不確定性関係」が成り立つということが言えるのである。

4.8　観測についての誤解

さて、これから、世に蔓延している誤解を解いてしまわないといけない。一般向けにやさしく書かれた最近の科学読本も、少し昔に書かれた専門の教科書でさえも、間違って説明されているものが多い。それは仕方のないことだとも言える。というのも、少し前までは専門の研究者の間ですら、これから話すことについての意見の一致が見られていなかったからである。

前節で説明した Δx や Δp などで表された測定値のばらつき具合は実は測定するという行為とは直接は何の関係もないのである。測定直前の波動関数にもともと含まれている確率的なばらつき具合を素直に計算して表したものに過ぎない。だからもし測定を行えば、もちろんそのばらつき具合が反映された結果が得られることになるのだとは言える。しかし決して、測定するという行為の影響によって測定値がばらつくわけではないのである。

古い教えを受けた多くの人は、この「原理的なばらつき」の原因が、測定するという行為が対象に撹乱を与えてしまうことによって引き起こしたものだと信じ切ってしまっているようである。そういう人にとっては意外かも知れないが、測定するためには必ず何かをぶつけなくてはいけないから結果が不正確になるという意味ではないのである。

では、なぜそのような誤解が広がったのかについても話しておこう。そのために量子力学の発展の歴史を振り返る必要がある。ほんの 1、2 年の間の出来事ではあるが、それはなかなか複雑である。

不確定性原理が指摘されたのは、現在の量子力学の入門書に載っているほとんどの事柄が議論されてしまった後のことであった。現在の教科書では初めの方に書かれていることが多いのだが、その順とは違って初めから問題になったことではないし、量子力学の建設の基礎になっていたわけでもない。

ハイゼンベルクは急激な発展を続ける量子力学について、その基礎となるものがあまり議論されていないことに憂いを感じ、土台をどこに置くべきか、量子力学をどこに着地させるべきかを考えていた。

彼はもともと、波動関数などという本当にあるかどうか分からないものに基礎を置くことを嫌い、測定して得られる結果だけに信頼を寄せ、その関係のみに注目した理論である「行列力学」をシュレーディンガーよりも前に作り出して量子力学の基礎を築いた経緯のある人物である。

こういう話を聞くと彼が堅物の老人で、シュレーディンガーが向こう見ずな若者であるイメージを描くかも知れない。教科書に出てくる肖像もそういうものが目立つ。しかし実際の年齢は 1927 年当時、ハイゼンベルクが 25 歳の若者で、シュレーディンガーは 39 歳のおじさんであった。

ハイゼンベルクは位置と運動量の演算子が非可換であることの理由を考え、このことが、これらの物理量を同時には決定し得ないことを意味するのだと見抜いた。そして理論と「現実の測定」との整合性のために思考実験を提案した。

電子の位置を知るためには、光をぶつけないといけない。しかしエネルギーの高い光をぶつけると電子の運動量が変わってしまう。だからと言ってエネルギーの低い光を使った測定では光の波長が長すぎて今度は位置が特定できない。……などなど。

この「事実」は非常に衝撃的であり、ハイゼンベルクがこの「鋭い指摘」をしたときに激しい動揺が起こった。それまで量子力学の理論を完成させようとあれこれとひねくり回してはいたが、誰もがこんな基本的なところに受け入れがたい事実があろうとは思わなかったのだ。抽象的な概念としてではなく、誰も反論しようのない現実的な測定の限界が確かにそこにある。

「この内容を認めずして量子力学を語るべからず！」

歴史的背景をこの辺りまで見てみると、なぜこれが「原理」と呼ばれるのかが見えてくる。「受け入れざるを得ない事実だから」という説明はあまり本質を突いていない。

ハイゼンベルクの行列力学では位置や運動量が行列で表される。行列というのは掛ける順序によって結果が異なるものだが、それがまさに交換関係を表しているのだ。そしてこの形式と、解析力学に出てくるポアッソン括弧式との間に対応が言えるのではないかと見抜き、ハイゼンベルクはそこから量子力学を生み出したのであった。

とにかく、不確定性原理だけで量子力学の全てが導けるわけではないが、もしこれによって交換関係と現実の測定との間の対応が付けられるならば、量子力学の重要な原理の一つとしてハイゼンベルク流のやり方を勝利に導くはずのものだったのだ。これで波動関数などというおかしなものを仮定する必要はなくなる !!

しかし意外なことに両者の流儀は数学的に同等であることが示され、しかも微分方程式を解くというシュレーディンガー流の手法の簡便さにはかなわなかったのである。そういう意味で完全勝利とまでは行かなかったが、ハイゼンベルク流にとっての重要な基礎であることには間違いない。

ハイゼンベルクの提案から間もなく、不確定性原理の式が量子力学の体系から数学的に導かれることになる。それが前節で説明した、測定の「不確かさ」を確率の標準偏差として考えるやり方だ。これこそが、量子力学の体系が主張するところの正しい意味での不確定性原理である。ハイゼンベルクもこのような解釈に反発したわけではないようだ。

全てが納得いく形で収まったかのように見える。しかし果たしてこれは、ハイゼンベルクの思考実験で示された事実と同一の内容を主張しているのだろうか？ いや、どこか違うように見える。

電子に光をぶつけて電子の位置を測る話は専門の教科書にもよく出てくる例ではあるが、いかにも電子の位置と運動量があらかじめ定まっていて、それがある測定誤差以内で測定できるような書き方になっている。つまり、測定された値から Δx、Δp 以内のところに必ず真の値が存在するが、我々はその値を正確に測定することはできないのだ、という、「不確定性原理」と言うよりはむしろ「不可知性原理」と呼んだ方が良いような論理になっている。

実際、これらの思考実験は量子力学を正しく理解する上では問題点が多い。これらの例では「位置と運動量が同時に確定している粒子」のイメージを使っているが、波動関数を確率解釈するならば、測定値は測定するまでは定まっていないことになっている。

だからと言って、思考実験のやり方が間違っているとは言い切れない。確かに測定の原理上、このような「不可知性」が存在する。測定するという行為そのものが、対象に知り得ぬ撹乱を与えてしまうのは事実だ。

一方が、測定装置の精度を上げることである範囲内に必ず収めることのできる「誤差」に似たものについての関係を述べ、もう一方が、どんなに努力しようと決して避けることのできない、幅を限定することもできない確率的な広がりを持つ意味での「不確かさ」について述べている。そのどちらもが、全く同じ形の数式で表される！ 不幸はここから始まったのだった。

前節で説明した不確定性の式を「**ケナードの不等式**」と呼び、ハイゼンベルクの思考実験による不確定性の式を「**ハイゼンベルクの不等式**」と呼んで区別しよう。

二種類の不確定性

$$\Delta x\,\Delta p \ \geqq\ \frac{\hbar}{2} \qquad \text{(ケナードの不等式)}$$

$$\delta x\,\delta p \ \geqq\ \frac{\hbar}{2} \qquad \text{(ハイゼンベルクの不等式)}$$

これら二種類の不確定性が本質的に同じものだと言っていいのか、それとも別々の現象が非常に似た形で同じところに横たわっているだけなのか、あるいは、複雑に絡まっていて切り離すことのできない問題であるのか、誰もはっきりとは断言できなかったのである。

ところが 2003 年になって「**小澤の不等式**」というものが発表された。重力波の検出の精度を高めるため、ミクロな観測問題について真剣に取り組む必要から生まれたそうである。

小澤の不等式

$$\delta x\,\delta p \ + \ \delta x\,\Delta p \ + \ \Delta x\,\delta p \ \geqq \ \frac{\hbar}{2}$$

これはハイゼンベルクの不等式を修正する式で、これまで考えられていた限界を越える測定が可能であることを意味している。実際に 2012 年にはそのことが実験で確かめられたとのことである。

しかしこれは二つの不等式を統一した式ではないことに注意する必要がある。ハイゼンベルクの不等式の方に修正が加えられただけであり、ケナードの不等式が意味する内容は依然として成り立っているのである。

この不等式についての私の知識は不確かなのでこの程度の説明だけで逃げることにしよう。

4.9　確率流密度

第 3 章で粒子の反射率や透過率を計算したときに、流れの量という考え方が要ることが分かった。ちょうどいいのでここでまとめておこう。

波動関数の絶対値の 2 乗は粒子の存在確率の密度を表していて、それをある範囲で積分することで存在確率が導かれるのだった。積分範囲として、考えられる全空間を設定すると当然その値が 1 にならなければおかしい。

$$\int \psi^* \psi \ \mathrm{d}\boldsymbol{x} \ = \ 1$$

当たり前のことだが、この値は時間とともに変化されると困る。この式の左辺が本当に変化しないのかどうか、あるいはどのような条件で常にこの関係が成り立っているのかを確かめておきたい。時間微分して 0 になることが言えればいいのである。途中まで計算してみよう。

$$\frac{\mathrm{d}}{\mathrm{d}t} \int \psi^* \psi \ \mathrm{d}\boldsymbol{x} \ = \ \int \left(\psi^* \frac{\partial \psi}{\partial t} + \frac{\partial \psi^*}{\partial t} \psi \right) \mathrm{d}\boldsymbol{x} \tag{1}$$

ああ、すぐに行き詰まる。この先はどうすればいいかと言うと、シュレーディンガー方程式の左辺に時間の 1 階微分があったことを思い出そう。それを次のように係数を取りのけた形にして (1) 式に代入してやればいいのだ。

$$\frac{\partial \psi}{\partial t} = \frac{1}{i\hbar}\left(-\frac{\hbar^2}{2m}\nabla^2\psi + V\psi\right) \tag{2}$$

もうひとつ、(1) 式には波動関数の複素共役の微分が含まれているが、これは (2) 式の全体の複素共役を取ってやれば作れる。基本的に虚数が関わる部分の符号を変えてやればいいだけのことだが。

$$\frac{\partial \psi^*}{\partial t} = -\frac{1}{i\hbar}\left(-\frac{\hbar^2}{2m}\nabla^2\psi^* + V\psi^*\right)$$

これらを使って変形を続けよう。座標に依存する普通の形のポテンシャルを考える限りは、V を含む項は打ち消しあって消えてしまう。そこまで書くのは面倒なので省略するが、(1) 式は結局次のようになる。

$$\begin{aligned}
(1)\,\text{式の続き} &= \int \frac{1}{i\hbar}\left\{\psi^*\left(-\frac{\hbar^2}{2m}\nabla^2\psi\right) - \left(-\frac{\hbar^2}{2m}\nabla^2\psi^*\right)\psi\right\}\mathrm{d}\boldsymbol{x} \\
&= -\int \frac{\hbar}{2mi}\left\{\psi^*\nabla^2\psi - \left(\nabla^2\psi^*\right)\psi\right\}\mathrm{d}\boldsymbol{x} \\
&= -\int \frac{\hbar}{2mi}\nabla\cdot\left\{\psi^*\nabla\psi - \left(\nabla\psi^*\right)\psi\right\}\mathrm{d}\boldsymbol{x} \qquad (3)
\end{aligned}$$

第 1 章でラプラシアン ∇^2 の定義を説明したことはあるが、∇ が単独で出てくるのはこの本ではここが初めてだろう。これは「**ナブラ**」と呼ばれており、次のように定義される演算子である。

$$\nabla \equiv \left(\frac{\partial}{\partial x}, \frac{\partial}{\partial y}, \frac{\partial}{\partial z}\right)$$

それでもし $\nabla\psi$ と書けばそれは

$$\nabla\psi = \left(\frac{\partial \psi}{\partial x}, \frac{\partial \psi}{\partial y}, \frac{\partial \psi}{\partial z}\right)$$

という意味であって、ただの関数 ψ をベクトル的な何かへと変える記号である。それで、$\nabla\cdot\nabla\psi$ と書けば、それはあたかも ∇ と $\nabla\psi$ との内積を計算するかのような計算ルールに従えという意味であって、

$$\nabla^2\psi = \nabla\cdot\nabla\psi$$

という関係が成り立っているのである。

そういうわけで (3) 式の括弧の中はベクトル的な何かであることが分かる。それを係数と一緒にして

$$\boldsymbol{J} \ \equiv \ \frac{\hbar}{2mi}\Big\{\psi^*\nabla\psi - (\nabla\psi^*)\psi\Big\}$$

と定義しよう。すると (3) 式は簡単になり、電磁気学ではお馴染みのガウスの定理を使って、

$$\begin{aligned}
\text{(3) 式の続き} \ &= \ -\int \nabla\cdot\boldsymbol{J}\,\mathrm{d}\boldsymbol{x} \\
&= \ -\int \mathrm{div}\boldsymbol{J}\,\mathrm{d}\boldsymbol{x} \\
&= \ -\int \boldsymbol{J}\cdot\boldsymbol{n}\,\mathrm{d}S
\end{aligned}$$

と変形できる。

これがちゃんと 0 になっているかどうかだが、普通は波動関数として無限遠で 0 になるようなものを考える。すると無限遠で $\boldsymbol{J}$ の値は 0 になり、無限に大きな閉曲面を考えて積分してやれば 0 である。つまり空間の全域を考える限り、粒子の存在確率は 1 のままであることが言える。

また、周期的境界条件を課した場合についても、境界の端と端とで波動関数の値が同じなのだから、積分したときに打ち消し合ってちゃんと 0 になっている。よって境界内部での粒子の存在確率はずっと変化しないと言える。めでたしめでたし、と。

しかし本当に言いたいのはそんなことではない。上の式変形をまとめれば、

$$\frac{\mathrm{d}}{\mathrm{d}t}\int \psi^*\psi\,\mathrm{d}\boldsymbol{x} \ = \ -\int \mathrm{div}\boldsymbol{J}\,\mathrm{d}\boldsymbol{x}$$

ということであるが、この関係を微分形に直してやると、

$$\frac{\mathrm{d}\rho}{\mathrm{d}t} \ = \ -\mathrm{div}\boldsymbol{J}$$

を得る。これは電磁気学に出てきた電荷の保存則と全く同じ形をしている。電磁気学では ρ は電荷密度を表していたが、このたびは

$$\rho \ = \ \psi^*\psi \ = \ |\psi|^2$$

としたのであって、これは確率密度である。すると $\boldsymbol{J}$ は「電流密度」にならって「**確率流密度**」とでも呼んでやるのがいいだろうか。どうも「確率・流密度」ではなく「確率密度・流」と呼ぶのが慣例となっている分野もいくらかあるようで、私には少し違和感があるが、要は意味が伝わりさえすればいいのだから細かくこだわることもあるまい。恐らく同じ意味で使われているはずだ。

しかしこの式を見て、「素晴らしい式を発見したぞ！」と無邪気に喜ぶ気にはなれない。確率流密度 $\boldsymbol{J}$ の定義がどうも嘘臭い。正当な理由があってそう定義したわけではなく、計算上、そうすると都合が良かっただけなのだ。意味は後付けである。まぁ定義式を見て無理やり解釈できなくもないが……。

これにどんな応用例があるかというと、確率密度に電荷の値 e を掛けると電荷密度の量子力学的表現が出来上がる。同じように確率密度流に e を掛けると、電流密度の量子力学的表現ができるわけだ。量子力学の応用問題にチャレンジして行けば、いずれこういうものを使うこともあるだろう。

存在確率の式を時間で微分することで、いかにもこの計算に意味があるかのように話を進めてきたが、同じ結果は次のように無味乾燥に求めることもできる。やっていることは同じだが、随分、雰囲気が違って感じられるだろう。

二つのシュレーディンガー方程式を用意して、一方だけを複素共役を取る。

$$
\begin{aligned}
i\hbar \frac{\partial \psi}{\partial t} &= -\frac{\hbar^2}{2m} \nabla^2 \psi + V \psi \\
-i\hbar \frac{\partial \psi^*}{\partial t} &= -\frac{\hbar^2}{2m} \nabla^2 \psi^* + V \psi^*
\end{aligned}
$$

それらの両辺に波動関数を掛けるのだが、複素共役を取らなかった方には波動関数の複素共役を掛ける。

$$
\begin{aligned}
i\hbar \psi^* \frac{\partial \psi}{\partial t} &= -\frac{\hbar^2}{2m} \psi^* \nabla^2 \psi + V \psi^* \psi \\
-i\hbar \frac{\partial \psi^*}{\partial t} \psi &= -\frac{\hbar^2}{2m} (\nabla^2 \psi^*) \psi + V \psi^* \psi
\end{aligned}
$$

それらの差を取ってやればいい。

$$i\hbar\left(\psi^*\frac{\partial\psi}{\partial t}+\frac{\partial\psi^*}{\partial t}\psi\right) \;=\; -\frac{\hbar^2}{2m}\Big\{\psi^*\nabla^2\psi-(\nabla^2\psi^*)\psi\Big\}$$

さっきと同じ式が出来上がる。

$$\frac{\partial}{\partial t}(\psi^*\psi) \;=\; -\frac{\hbar}{2mi}\nabla\cdot\Big\{\psi^*\nabla\psi-(\nabla\psi^*)\psi\Big\}$$

結局、シュレーディンガー方程式の波動関数を確率解釈する限りはこのような式が成り立ってなくてはなりませんよ、というだけの話だとも取れる。

最後に具体的で単純な例を試してみよう。次のような1次元の波動関数を使ってみる。

$$\psi(x) \;=\; A\,e^{ikx}$$

確率流密度も1成分だけを考えるのだから次のような計算でいい。

$$\begin{aligned}
J \;&=\; \frac{\hbar}{2mi}\left\{\psi^*\frac{\partial}{\partial x}\psi-\left(\frac{\partial}{\partial x}\psi^*\right)\psi\right\}\\
&=\; \frac{\hbar}{2mi}\left\{\left(A^*\,e^{-ikx}\right)\frac{\partial}{\partial x}(A\,e^{ikx})-\frac{\partial}{\partial x}\left(A^*\,e^{-ikx}\right)\left(A\,e^{ikx}\right)\right\}\\
&=\; \frac{\hbar}{2mi}\Big\{(A^*\,e^{-ikx})(ik)(A\,e^{ikx})-(-ik)(A^*\,e^{-ikx})(A\,e^{ikx})\Big\}\\
&=\; \frac{\hbar}{2mi}\Big(ikA^*A \;+\; ikA^*A\Big)\\
&=\; \frac{\hbar}{2mi}\Big(2ik\,|A|^2\Big)\\
&=\; \frac{\hbar k}{m}\,|A|^2 \;=\; \frac{p}{m}\,|A|^2 \;=\; v\,|A|^2
\end{aligned}$$

なるほど、確かに、第3章でもやったように速度と確率密度を掛けた量になっている。あの考えは正しかったのだ。

第5章　フーリエ解析

5.1　実フーリエ級数

この章では「フーリエ解析」と呼ばれる数学の一分野について、ごく簡単に説明して行こう。波の重ね合わせに大変関係の深い内容である。詳しく説明すればそれだけで一冊の本が書けるくらいだが、重要な部分に絞って短く紹介するつもりである。

まずは $0 \leqq x \leqq 2\pi$ の範囲で定義された連続な関数 $f(x)$ を考える。この関数がどんな形をしていようとも三角関数の足し合わせで表現できそうだという驚くべき内容をフランスの学者フーリエが論文中で使い、それが本当なのかどうかを巡って議論が沸き起こったのであった。19 世紀初めのことである。

$$f(x) \ = \ c \ + \ \sum_{n=1}^{\infty} \Big[a_n \cos(nx) \ + \ b_n \sin(nx) \Big] \tag{1}$$

波長が 2π の sin 波と cos 波、その 1/2 の波長の sin 波と cos 波、1/3 の波長の sin 波と cos 波、……というように、どんどん細かく上下するようになる波を次々と色々な振幅で重ね合わせていくのである。そんなことで本当に「どんな形でも」表せるのだろうか？

いや、そうはいくまい。sin 波も cos 波も上下に同じだけ振動していて平均すれば 0 なので、そのようなものをどれだけ重ね合わせたとしても平均は 0 だろう。だから平均が 0 になるような形の関数しか表せないことになる。しかしそのような弱点を補うために (1) 式には平均値である c を入れておいた。それならどうだろう？

本当にこのような表現が可能なのかという証明はせずにおこう。それよりも係数 a_n と b_n をどのように決めたら (1) 式が成り立つようにできるのかを説明したい。

まず、c は関数 $f(x)$ の平均値なので次のように計算すれば良いことは分かるはずだ。

$$c = \frac{1}{2\pi}\int_0^{2\pi} f(x)\,\mathrm{d}x \tag{2}$$

係数 a_n や b_n もこれに少し似ていて、次のようにして求めるのである。

$$\begin{aligned} a_n &= \frac{1}{\pi}\int_0^{2\pi} f(x)\cos(nx)\,\mathrm{d}x \\ b_n &= \frac{1}{\pi}\int_0^{2\pi} f(x)\sin(nx)\,\mathrm{d}x \end{aligned} \tag{3}$$

なぜ π で割っているのだろう？ 2π で割るのではないのだろうか？ なぜ sin や cos を掛けて積分するのだろう？ 色んな疑問が出るかも知れないが徐々に解決してゆこう。

(3) 式の計算の意味を考えてみることにする。例えば a_n を求めるときには $\cos(nx)$ と $f(x)$ を掛けたものを積分している。つまり、$0 \leqq x \leqq 2\pi$ の範囲内で $f(x)$ が $\cos(nx)$ と似た動きをしていれば結果は大きめに出て、合わない動き方をしていれば、結果は打ち消されて小さめに出てきそうだと想像できる。要するにこれは、$f(x)$ の中から $\cos(nx)$ に似た成分がどれだけあるかを抜き出してくる操作なのであろう。そのために $0 \leqq x \leqq 2\pi$ の範囲に渡って積分しているので、それを平均するために 2π で割るというのなら何となく意味は繋がる気がするのだが、なぜか π だけで割っている。結果を 2 倍せねばならぬ事情がありそうだ。b_n についても同じようなものである。

ところで、(2) 式と (3) 式は形式が似ている。(3) 式の a_n の式で $n = 0$ とすれば、$\cos 0 = 1$ であるので積分のところは (2) 式と同じ形になる。すると a_0 と c とは係数が違うだけであり、$c = a_0/2$ だと言えそうだ。だから (1) 式を次のように表しておけば (2) 式は不要になるだろう。

$$f(x) = \frac{a_0}{2} + \sum_{n=1}^{\infty}\Big[a_n\cos(nx) + b_n\sin(nx)\Big] \tag{4}$$

このような表現をすると意味は分かりにくくなるが、式の数を一つ減らせて、公式を書くためのスペースと手間を節約できるという利点がある。

関数 $f(x)$ を (1) 式や (4) 式のように無限に続く三角関数の和の形で表したものを「**フーリエ級数**」と呼ぶ。表そうとする関数 $f(x)$ の形によっては有限項で終わる場合もあり、その場合でもフーリエ級数と呼んで構わない。

さて、まだ (3) 式で良いのだと言える理由が説明できていない。この辺りのことを理解するために、次のような公式を知っていると助けになる。

$$\begin{aligned} \int_0^{2\pi} \cos(mx)\cos(nx)\,\mathrm{d}x &= \pi\,\delta_{mn} \\ \int_0^{2\pi} \sin(mx)\sin(nx)\,\mathrm{d}x &= \pi\,\delta_{mn} \\ \int_0^{2\pi} \sin(mx)\cos(nx)\,\mathrm{d}x &= 0 \end{aligned} \tag{5}$$

ただし m と n は正の整数であるとする。右辺の δ_{mn} は「**クロネッカーのデルタ**」というもので、m と n が等しければ 1 で、等しくなければ 0 であることを意味している。この公式は三角関数の積和の公式を使えば簡単に導けるので説明を省略したいところだが、$m = n$ となる場合と $m \neq n$ となる場合とで状況が異なることに気付かないと混乱する可能性があるので一つだけ例を示しておこう。

$$\begin{aligned} &\int_0^{2\pi} \cos(mx)\cos(nx)\,\mathrm{d}x \\ &= \frac{1}{2}\int_0^{2\pi} \Big(\cos(m+n)x + \cos(m-n)x\Big)\,\mathrm{d}x \\ &= \frac{1}{2}\left[\frac{1}{m+n}\sin(m+n)x + \frac{1}{m-n}\sin(m-n)x\right]_0^{2\pi} \\ &= 0 \end{aligned}$$

この計算は $m \neq n$ の場合には問題ないが、$m = n$ では分母が 0 になってしまうところがあって正しくない。実は $m = n$ の場合には積分を実行する前に $\cos(m-n)x = \cos 0 = 1$ となっている。そのことに気付けばこの問題は回避できて、違った結果が得られることになるだろう。

(5) 式はとても重要なことに気付かせてくれる。$\{\cos x, \cos 2x, \cos 3x, \cdots, \sin x, \sin 2x, \sin 3x, \cdots\}$ という関数の集まりは、そこからどれでも二つを選んで互いに掛け合わせて積分したとき、どの組み合わせを取ってみても 0 にしかならない！ ただ自分自身と掛け合わせたときに限って π になるのである！

この知識を利用しよう。(3) 式の右辺には $f(x)$ が入っている。$f(x)$ は (1) 式のように表されるというのを仮定だと考えてやって、これを (3) 式の右辺に代入してやると、その計算結果はどうなるだろうか？ (5) 式を利用してやれば、ほとんどの項は消え去ることが分かるだろう。残る項は一つだけであって、その係数部分しか残らない。このようにして (3) 式が正しいことが示されることになる。先ほどの「全体を 2π で割るべきところが π で割られているのはなぜか」という疑問はあまり意味がなくて、ただ (5) 式がそういう形になっているから、というだけのことだったようだ。

何か騙されたような気がするかもしれないし、循環論法的に感じるかも知れない。これではどうも説明になっていない感じがする。実際その通りだ。今のところ、関数 $f(x)$ が (1) 式のように表せると仮定すれば、そこで使われている係数は (3) 式のようであるべきだということを説明しただけであって、どんな関数の場合にでも (1) 式のように等式が成り立つという点についてはまだ解決していない。この点については昔の学者たちもすぐには認めることができなかったのである。

しかしそこに踏み込むと話が長くなるのでこれくらいにしておこう。結論だけを言えば、途中で無限大になる場所があったり、至るところで不連続であったりしない大抵の関数は (1) 式のように表せることが言えるのである。

5.2　周期を変えてみる

ここまでは $0 \leqq x \leqq 2\pi$ の範囲に限定して考えていたわけだが、sin 関数も cos 関数も周期関数なのでこの範囲外では全く同じ振る舞いを何度も繰り返すだけである。それらの和として表されている関数 $f(x)$ も周期 2π で同じ動きを繰り返す宿命を背負っている。

前節ではどれも $0 \leqq x \leqq 2\pi$ の範囲で積分していたのだが、一つの周期に渡って積分すれば結果は同じなのだから、例えば $-\pi \leqq x \leqq \pi$ のような範囲を考えても同じような結果が得られるであろう。

しかし周期が 2π に限られているのはどうにも不自由さを感じる。周期を好きに設定できるように公式を改造できないだろうか。例えば次のように変更してはどうだろう？

$$f(x) \;=\; c \;+\; \sum_{n=1}^{\infty} \left[a_n \cos\left(n\frac{2\pi}{L}x\right) \;+\; b_n \sin\left(n\frac{2\pi}{L}x\right) \right]$$

少々複雑に見えてしまうが、実は前節の式の x を $2\pi/L$ 倍しただけであり、この操作はグラフを x 軸方向に $L/2\pi$ 倍に引き伸ばす効果がある。先ほどは周期が 2π で繰り返す波形しか表せなかったが、この式を使えば周期が L で繰り返すような好きな形の波が表せることになるわけだ。

平均値 c は次のように計算すればいいだろう。

$$c \;=\; \frac{1}{L}\int_0^L f(x)\,\mathrm{d}x$$

では a_n や b_n はどうなるだろうか？ それを探るために、前節の (5) 式に代わるものを計算してみよう。やることは大して変わらないので結果だけ書くことにする。

$$\begin{aligned}
\int_0^L \cos\left(\frac{2\pi}{L}mx\right)\cos\left(\frac{2\pi}{L}nx\right)\,\mathrm{d}x \;&=\; \frac{L}{2}\,\delta_{mn} \\
\int_0^L \sin\left(\frac{2\pi}{L}mx\right)\sin\left(\frac{2\pi}{L}nx\right)\,\mathrm{d}x \;&=\; \frac{L}{2}\,\delta_{mn} \\
\int_0^L \sin\left(\frac{2\pi}{L}mx\right)\cos\left(\frac{2\pi}{L}nx\right)\,\mathrm{d}x \;&=\; 0
\end{aligned}$$

なるほど、前節の話と比べてほとんど変更はない。そんなに難しいことを考える必要は無さそうだ。係数 a_n と b_n を次のように決めておけば話が合うだろう。

$$\begin{aligned}
a_n \;&=\; \frac{2}{L}\int_0^L f(x)\cos\left(\frac{2\pi}{L}nx\right)\,\mathrm{d}x \\
b_n \;&=\; \frac{2}{L}\int_0^L f(x)\sin\left(\frac{2\pi}{L}nx\right)\,\mathrm{d}x
\end{aligned}$$

c はやはり $c = a_0/2$ とすることで a_n の式に吸収できそうである。

以上が、周期が L になるように拡張したフーリエ級数の公式である。教科書によっては $[-L, L]$ の範囲で積分してあるものがあるが、その場合、周期は $2L$ になるので上の公式の L を $2L$ に置き換えれば同じ形になり、辻褄が合うだろう。

先ほども言ったが、積分範囲については周期と同じ幅になっていればどう選んだって構わないのである。この節で作ったフーリエ級数の公式は、積分した範囲の $f(x)$ の形と同じ形を周期 L で何度も何度も繰り返すような関数を再現してくれることになる。

5.3　波で粒子を作る

ここで一旦、物理の話に戻ろう。一体何のためにこんな数学の説明を続けているのか、という意図をそろそろ明かしておきたい。

あらゆる形の関数が単純な三角関数の和として表されるのなら、波動関数だってそのような形で表してもいいはずだ。いや、波動関数は複素数で表される波だったから、ここまでに説明した知識ではまだ少し足りない。ここまでのフーリエ級数は実数に限られていた。

ところで、読者はもう「複素数の波」なんていう正体不明のものを完全に受け容れてしまっているのだろうか？ 複素数の波が出てきたのはシュレーディンガー方程式を受け容れたからである。確かにシュレーディンガー方程式は色々なものを説明してくれたが、それこそが唯一正しい道だと言えるだろうか？ 量子力学を説明する本の終盤になって量子力学の考え方に抵抗を試みるというのも一風変わっていて面白いだろう。

単純なド・ブロイ波を考えているうちは、それは実数で表される波だろうと漠然と考えていたのだった。ド・ブロイ波を重ね合わせることで、いかにも波のようなある程度続く形の波ではなく、1回きりのパルスのような、まるで粒子のような塊として進む波だって作り出せるのではないだろうか。そのような波の塊を「**波束**」と呼ぶのだった。ひょっとすると、それこそが粒子性の正体だとは言えないだろうか。この考え方は第1章でも簡単に話したことであるが、早く量子力学の本質へと案内したい一心で、軽く流してしまったのだった。量子力学の話が一段落した今こそ、やり残したことを試してみようではないか。

パルスのような形の関数の極端な例として「**デルタ関数**」というものを考えてみる。

$$\delta(x) \;=\; \begin{cases} \infty & (x=0) \\ 0 & (x \neq 0) \end{cases}$$

一点のみで無限大になり、それ以外では 0 である。デルタ関数についてのこのような表現はイメージに過ぎなくて、正式な定義は次のように、任意の関数 $g(x)$ と積分とを使って表現される。

$$\int g(x)\,\delta(x)\,\mathrm{d}x \;=\; g(0)$$

デルタ関数とは、何らかの関数 $g(x)$ と掛け合わせて積分したときに $g(x)$ の $x=0$ における値 $g(0)$ だけを拾ってくる働きを持った「関数もどき」だというわけだ。例えばこの定義式に $g(x)=1$ という常に 1 であるような関数を代入すれば

$$\int \delta(x)\,\mathrm{d}x \;=\; 1$$

となり、デルタ関数を $x=0$ を含む範囲で積分すれば 1 になることが言える。これはいかにも「大きさのない一点に集中した粒子」を表すのに都合がいい。幅はなくても確かにそこに「在る」のである。

このデルタ関数をフーリエ級数で表すとどうなるだろうか？ デルタ関数には無限大になる場所があるので、フーリエ級数が収束してくれない。そうとは知りつつも、どんなことになるのか試してみよう。

デルタ関数の性質を使って計算すれば次のようになるだろう。

$$a_n \;=\; \frac{2}{L}\int_{-L/2}^{L/2} \delta(x)\cos\left(\frac{2\pi}{L}nx\right)\mathrm{d}x \;=\; \frac{2}{L}\cos 0 \;=\; \frac{2}{L}$$

$$b_n \;=\; \frac{2}{L}\int_{-L/2}^{L/2} \delta(x)\sin\left(\frac{2\pi}{L}nx\right)\mathrm{d}x \;=\; \frac{2}{L}\sin 0 \;=\; 0$$

デルタ関数は 0 を含む範囲での積分に特徴があるから、計算に不都合が出ないように積分範囲を変えておいた。一周期の範囲で積分すればいいの

だからこのようにしても同じことだろう。この結果を使ってフーリエ級数を作ると、次のような感じになる。

$$\frac{2}{L}\left[\frac{1}{2}+\cos\left(\frac{2\pi}{L}x\right)+\cos\left(2\frac{2\pi}{L}x\right)+\cos\left(3\frac{2\pi}{L}x\right)+\cdots\right]$$

振幅の大きさがどれも同じである cos 関数が永久に足し合わされる形であり、収束する様子はない。収束しないから、これとデルタ関数とを等式で結ぶことは敢えてしないでおいた。それでも項を増やすごとにデルタ関数に似た形へと近付いては行くのである。

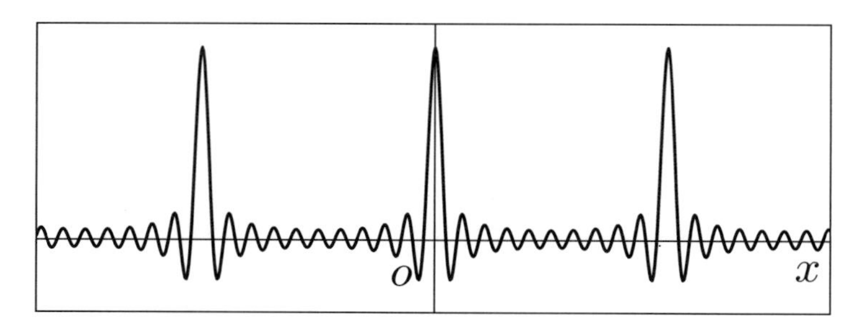

ただしこの級数が表そうとしているのは単なるデルタ関数ではなく、無限大の突起が周期 L で繰り返すような形の関数 $\displaystyle\sum_{n=-\infty}^{\infty}\delta(x-nL)$ である。

残念だがこれでは粒子を表すのに使えない。粒子が均等な間隔で並んで宇宙全体を埋め尽くすイメージになってしまっているからだ。現実の粒子はもちろんこんな風にはなっていない。

5.4　複素フーリエ級数

まだ諦めない。ただ1個の粒子だけが空間に存在する様子を、波の重ね合わせで表現することはできないのだろうか。フーリエ級数の周期 L を思い切り広げてやって、宇宙の端から端まで届くくらいにしてやったら、二度と繰り返さないような自由な波形を表現できるのではないだろうか。

しかしそのような極限への拡張を行おうとすると、もはや三角関数の単なる和では表せなくなってしまうのである。無限に長い波長の波から無限に短い波長の波までが重なり合うので、連続的に波長を変えながら足し合わせるというイメージになり、和の記号ではなく、積分で表現しないといけないことになる。

それを実行するためにはワンクッション必要である。今のままでは sin 関数と cos 関数の項が別々に表されていて少々複雑だからだ。それがなんとしたことか、複素数の助けを借りれば、今よりずっとシンプルな形にひとまとめに表せるようになるのである。これは皮肉な話ではないか。今は量子力学が複素数を使って表されていることに反発を感じて、もっと単純なイメージで別の理論が作れないかとチャレンジしているのに、複素数に頼ることになるとは。

悔しがって立ち止まっていても仕方ないので、とりあえず試してみよう。第 2 章のオイラーの公式の話の中で次のような式を紹介したことがあるのを思い出して欲しい。

$$\cos\theta \ = \ \frac{e^{i\theta}+e^{-i\theta}}{2} \quad , \quad \sin\theta \ = \ \frac{e^{i\theta}-e^{-i\theta}}{2i} \tag{1}$$

フーリエ級数は sin 関数と cos 関数ばかりで出来ていたから、この公式を使えば全てを指数関数を使った形に書き換えられそうである。複雑になるのか簡単になるのかはやってみないと分からないが、結果を先に言ってしまうと、怖いくらいに綺麗にまとまってしまうのである。

まず、書き換える前のフーリエ級数を書いておこう。

$$f(x) \ = \ \frac{a_0}{2} \ + \ \sum_{n=1}^{\infty}\left[a_n\cos\left(\frac{2\pi}{L}nx\right) \ + \ b_n\sin\left(\frac{2\pi}{L}nx\right)\right] \tag{2}$$

ただし、係数 a_n と b_n は次の通りである。

$$\begin{aligned} a_n \ &= \ \frac{2}{L}\int_0^L f(x)\cos\left(\frac{2\pi}{L}nx\right)\,\mathrm{d}x \\ b_n \ &= \ \frac{2}{L}\int_0^L f(x)\sin\left(\frac{2\pi}{L}nx\right)\,\mathrm{d}x \end{aligned} \tag{3}$$

まずは (2) 式に (1) 式を当てはめることから始めてみる。

$$
\begin{aligned}
f(x) &= \frac{a_0}{2} + \sum_{n=1}^{\infty}\left[a_n\cos\left(\frac{2\pi}{L}nx\right) + b_n\sin\left(\frac{2\pi}{L}nx\right)\right] \\
&= \frac{a_0}{2} + \sum_{n=1}^{\infty}\left[\frac{a_n}{2}\left(e^{i\frac{2\pi}{L}nx}+e^{-i\frac{2\pi}{L}nx}\right) - i\,\frac{b_n}{2}\left(e^{i\frac{2\pi}{L}nx}-e^{-i\frac{2\pi}{L}nx}\right)\right] \\
&= \frac{a_0}{2} + \sum_{n=1}^{\infty}\left[\frac{a_n-i\,b_n}{2}\,e^{i\frac{2\pi}{L}nx} + \frac{a_n+i\,b_n}{2}\,e^{-i\frac{2\pi}{L}nx}\right] \\
&= \frac{a_0}{2} + \sum_{n=1}^{\infty}\frac{a_n-i\,b_n}{2}\,e^{i\frac{2\pi}{L}nx} + \sum_{n=1}^{\infty}\frac{a_n+i\,b_n}{2}\,e^{-i\frac{2\pi}{L}nx} \\
&= \frac{a_0}{2} + \sum_{n=1}^{\infty}\frac{a_n-i\,b_n}{2}\,e^{i\frac{2\pi}{L}nx} + \sum_{n=-1}^{-\infty}\frac{a_{-n}+i\,b_{-n}}{2}\,e^{i\frac{2\pi}{L}nx}
\end{aligned}
$$

まだ途中だが、説明を入れておこう。この最後のところではなかなか無茶なことをやっている。しかし難しくはない。二つの指数関数を同じ形にしてまとめたいがために、和の記号の n の範囲を変えて $n=-1$ から $-\infty$ への和を取るように変更したのである。そのために a_{-n}、b_{-n} などという記号が一時的に導入されているが、ここでの n は負なので実質は a_n や b_n と変わらない。

ここで次のような定義をしてやろう。

$$
\begin{aligned}
c_n &\equiv \begin{cases} \frac{1}{2}(a_n - i\,b_n) & (n>0) \\ \frac{1}{2}(a_{-n} + i\,b_{-n}) & (n<0) \end{cases} \\
c_0 &\equiv \frac{a_0}{2}
\end{aligned}
$$

すると先ほどの計算の続きは次のようになる。

$$
\begin{aligned}
f(x) &= c_0 + \sum_{n=1}^{\infty} c_n\,e^{i\frac{2\pi}{L}nx} + \sum_{n=-1}^{-\infty} c_n\,e^{i\frac{2\pi}{L}nx} \\
&= \sum_{n=-\infty}^{\infty} c_n\,e^{i\frac{2\pi}{L}nx}
\end{aligned}
$$

とても単純な形にまとまってしまった！ しかも一番最初の定数項まで同じ形の中に取り込むことに成功している。とは言ってもそうなるように無

理やり係数 c_n を定義しただけなので、それほど驚くことでもない。n が正であるか負であるかによって c_n の定義を使い分けなくてはならないのである。

c_n の定義は a_n や b_n の組み合わせでできているので、こちらも指数関数を使って書き換えられそうである。まずは $n > 0$ の場合についてやってみよう。

$$\begin{aligned} c_n &= \frac{a_n - i\,b_n}{2} \\ &= \frac{1}{2}\frac{2}{L}\int_0^L f(x)\left[\cos\left(\frac{2\pi}{L}nx\right) - i\,\sin\left(\frac{2\pi}{L}nx\right)\right]\mathrm{d}x \\ &= \frac{1}{L}\int_0^L f(x)\,e^{-i\frac{2\pi}{L}nx}\,\mathrm{d}x \end{aligned}$$

あっけなく、とても簡単な形になってしまった。次に $n < 0$ の場合をやってみよう。a_{-n} や b_{-n} の n にはどうせ負の整数が入るのだから、(3) 式の中の n を一時的に $-n$ と変えて計算しても問題は起こらない。

$$\begin{aligned} c_n &= \frac{a_{-n} + i\,b_{-n}}{2} \\ &= \frac{1}{2}\frac{2}{L}\int_0^L f(x)\left[\cos\left(-\frac{2\pi}{L}nx\right) + i\,\sin\left(-\frac{2\pi}{L}nx\right)\right]\mathrm{d}x \\ &= \frac{1}{L}\int_0^L f(x)\left[\cos\left(\frac{2\pi}{L}nx\right) - i\,\sin\left(\frac{2\pi}{L}nx\right)\right]\mathrm{d}x \\ &= \frac{1}{L}\int_0^L f(x)\,e^{-i\frac{2\pi}{L}nx}\,\mathrm{d}x \end{aligned}$$

こちらも同じ形になった。これは好都合だ。場合分けなど必要なかったのだ。では最後に $n = 0$ の場合を。

$$c_0 = \frac{a_0}{2} = \frac{1}{2}\frac{2}{L}\int_0^L f(x)\,\mathrm{d}x = \frac{1}{L}\int_0^L f(x)\,\mathrm{d}x$$

なんと、これも上の二つの計算結果の c_n に $n = 0$ を代入した場合と同じ結果である。つまり、c_n は場合分けなど必要なくて、次のように表現するだけで済んでしまうということである。

$$c_n = \frac{1}{L}\int_0^L f(x)\,e^{-i\frac{2\pi}{L}nx}\,\mathrm{d}x \tag{4}$$

そしてフーリエ級数はこの係数 c_n を使って、次のようなシンプルな形で表せてしまうのである。

$$f(x) \ = \ \sum_{n=-\infty}^{\infty} c_n \, e^{i\frac{2\pi}{L}nx} \tag{5}$$

これらを導く過程には少しだけ面倒なところがあったかも知れないが、もう忘れてしまっても構わない。この (4) 式と (5) 式が全てである。この形で表されたフーリエ級数を「**複素フーリエ級数**」と呼ぶ。フーリエ級数はまるで複素数を使って表されるのを待っていたかのようではないか。

5.5　フーリエ変換

フーリエ級数では一定周期で繰り返すような関数しか再現できないのだった。それで、今からその周期 L を無限に広げることを試してみよう。

先ほど導いたばかりの複素フーリエ級数の式をもう一度書いておく。式番号を振り直すためというのもあるのだが、わずかに変更する部分があるのだ。

$$f(x) \ = \ \sum_{n=-\infty}^{\infty} c_n \, e^{i\frac{2\pi}{L}nx} \tag{1}$$

ここで使われている係数 c_n は次のように求めるのだった。

$$c_n \ = \ \frac{1}{L}\int_{-L/2}^{L/2} f(x) \, e^{-i\frac{2\pi}{L}nx} \, \mathrm{d}x \tag{2}$$

これまでは積分範囲を $0 \leqq x \leqq L$ の範囲にして書いてきたが、周期 L と同じ幅になっていればどんな範囲で積分しても良いのだというのはこれまでも言ってきた。今回は積分範囲をプラスとマイナスの両方に向かって広げたいので、準備として $-L/2 \leqq x \leqq L/2$ という範囲に変更してある。

これらの式で $L \to \infty$ としてやれば良さそうなのだが、L が (1) 式と (2) 式のどちらにもあって、別々に眺めていてもよく分からない。ひとまず (1) 式に (2) 式を放り込んで一つの式にしてみよう。

$$f(x) \ = \ \sum_{n=-\infty}^{\infty} \frac{1}{L}\left(\int_{-L/2}^{L/2} f(x') \, e^{-i\frac{2\pi}{L}nx'} \, \mathrm{d}x'\right) \, e^{i\frac{2\pi}{L}nx}$$

(1) 式の x と (2) 式の x はこの式の中では同一のものではないので一方にダッシュを付けて区別してある。見た目をすっきりさせるために $a = 2\pi/L$ と置いてみよう。逆に書けば $L = 2\pi/a$ であるから、最終的に $a \to 0$ としてやれば L を無限大にするのと同じであり、目的は果たせることになる。

$$f(x) \ = \ \sum_{n=-\infty}^{\infty} \frac{a}{2\pi} \left(\int_{-\pi/a}^{\pi/a} f(x')\, e^{-i(an)x'}\, \mathrm{d}x' \right) e^{i(an)x}$$

少しだけ状況が見えてきた。括弧でくくっておいた (an) に注目すると、この式はこんな構造になっている。

$$f(x) \ = \ \frac{1}{2\pi} \sum_{n=-\infty}^{\infty} a \ F(an) \ e^{i(an)x} \tag{3}$$

ただし、ここで仮に導入した関数 F は次のようなものである。後で使うからメモしておこう。

$$F(k) \ \equiv \ \int_{-\pi/a}^{\pi/a} f(x)\, e^{-ikx}\, \mathrm{d}x \tag{4}$$

(3) 式はさらに次のような構造になっている。

$$f(x) \ = \ \frac{1}{2\pi} \sum_{n=-\infty}^{\infty} a \ G(an) \tag{5}$$

ここで導入した関数 G の定義はわざわざ書くほどのものでもないが、次のようである。

$$G(k) \ \equiv \ F(k)\, e^{ikx}$$

(5) 式というのはつまり、関数 $G(k)$ の変数 k が na という飛び飛びの幅で変化してゆくわけだが、そのときどきの関数の値に幅 a を掛けたものの合計値を出しているわけだ。グラフで言えば、幅 a の多数の短冊の面積の合計である。今我々はその幅 a を極限にまで狭めようとしている。それは「積分そのもの」ではないだろうか！ 要するに、こうだ。

$$f(x) \ = \ \frac{1}{2\pi} \int_{-\infty}^{\infty} G(k)\, \mathrm{d}k$$

この式の $G(k)$ の部分を元の形に書き戻すと次のようになる。

$$f(x) \ = \ \frac{1}{2\pi} \int_{-\infty}^{\infty} F(k)\ e^{ikx}\, \mathrm{d}k \tag{6}$$

そう言えば、(4) 式で定義した関数 $F(k)$ の右辺にはまだ a が含まれていた。これももうこの段階では極限を取ったものを使うべきであるから、$F(k)$ の定義は次のように変わるべきだろう。

$$F(k) \ \equiv \ \int_{-\infty}^{\infty} f(x)\ e^{-ikx}\, \mathrm{d}x \tag{7}$$

これで出来た！ 結論は (6) 式と (7) 式だけである。あとはもう忘れてもらって構わない。前節で説明した「複素フーリエ級数」では、関数 $f(x)$ を使って飛び飛びの n ごとに決まる複素数値 c_n を求め、関数 $f(x)$ を再現するためにそれを使うのだった。しかし今はそれはなくなってしまい、代わりに $F(k)$ という連続した関数に変換される式が得られることになった。関数 $f(x)$ だったものを、別の関数 $F(k)$ へと変換する (7) 式のことを「**フーリエ変換**」と呼ぶ。あるいは、変換された関数 $F(k)$ のことを「関数 $f(x)$ のフーリエ変換」と呼ぶこともある。

それとは逆に、変換された関数 $F(k)$ を (6) 式に当てはめてやると、元通りの関数 $f(x)$ が再現されるのである。それで (6) 式のことを「**フーリエ逆変換**」と呼ぶ。

フーリエ変換の意味を解釈してみよう。(6) 式を見ると、e^{ikx} という形で表された波が、k を連続的に変化させながら重ね合わされた結果として $f(x)$ が出来上がっていることになっている。波を e^{ikx} という形で表すのはここまでに普通にやってきた。k は波数の意味を持っていることになる。

すると $F(k)$ という関数は $f(x)$ がどんな波数を持った波からできているかという連続的な分布を表していることになるだろう。それを求めるのが (7) 式だというわけだ。

ちょっと待てよ？

ここまで、複素数の波を使った量子力学に反抗を企てるつもりでこんなことをずっと考えてきたわけだが、これは複素数の波動関数にもそのまま当てはまる話なのではないか？ いやいや、それは後で考えよう。今はまだ反抗の企ての途中である。今の目的はデルタ関数を波の重ね合わせで表現することなのだった。宇宙全体のたった一点だけに突起を持つような関数が作れれば、それで粒子を表すことができるのではないか、というのであった。それで、(7) 式の $f(x)$ のところにデルタ関数を代入して、そのときの $F(k)$ がどんな分布になるか調べてやろう。

$$\begin{aligned} F(k) &= \int_{-\infty}^{\infty} \delta(x)\, e^{-ikx}\, \mathrm{d}x \\ &= e^{-ik0} \;=\; 1 \end{aligned}$$

前に話したデルタ関数の性質を使うことで、このようにすぐに答えが出る。常に 1。つまり、あらゆる波数を持つ波を均等に重ね合わせることでデルタ関数が作られるというのだ。

$$\delta(x) = \frac{1}{2\pi} \int_{-\infty}^{\infty} e^{ikx}\, \mathrm{d}k$$

波数 k というのは運動量に直結している概念だった。それはド・ブロイ波であろうと波動関数であろうと共通して言えることだ。そしてデルタ関数のように位置が一点に定まるような形の波を考えると、そこにはマイナス無限大からプラスの無限大まで、あらゆる運動量を持った波が均等に含まれているというのである。

これは粒子がどんな運動量を持っているのか全く予測もできない状態であり、運動量に関する不確かさが無限大だと言えるだろう。一方、運動量をただひとつ $p = \hbar k$ に定めれば、それは e^{ikx} という形の波が一つあるだけであり、それはずっと同じ振幅のまま宇宙の端から端まで続いている。これは粒子がどこにあるかということが全く予測もできない状態であり、位置に関する不確かさが無限大だと言えるだろう。この辺りは不確定性原理を思い出させる話ではないか。

5.6 不確定性原理、再び

このような例はあまりにも極端であるので、デルタ関数のような尖った形の関数ではなく、もう少しぼんやりと広がりのある形の波で考えてみよう。

数学的に扱いやすい形の波として、「ガウス分布」あるいは「正規分布」と呼ばれるものを使ってみる。

$$f(x) \ = \ \frac{1}{\sqrt{2\pi}\ \sigma}\ \exp\left(-\frac{(x-\mu)^2}{2\sigma^2}\right)$$

統計を考えるときによく使う式であり、μ は平均値、σ は標準偏差を意味している。σ が大きいほどグラフは横に広がった形になるのである。

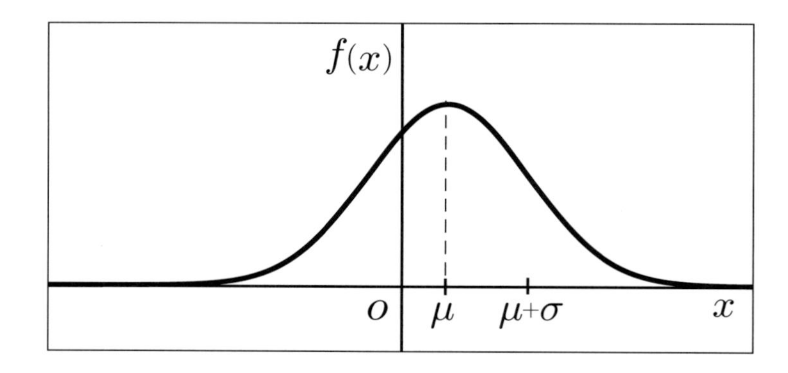

計算が簡単になるように $x = 0$ にピークを持つ場合を考えよう。

$$f(x) \ = \ \frac{1}{\sqrt{2\pi}\ \sigma}\ \exp\left(-\frac{x^2}{2\sigma^2}\right)$$

最初に付いている定数部分は、この関数を $-\infty \sim \infty$ の範囲で積分したときに 1 になるように調整してくれているのである。

$$\frac{1}{\sqrt{2\pi}\ \sigma}\int_{-\infty}^{\infty}\exp\left(-\frac{x^2}{2\sigma^2}\right)\,\mathrm{d}x \ = \ 1$$

この関係がちゃんと成り立っていることを自分で確かめてみたいと思う読者もいるかもしれないが、この積分は「**ガウス積分**」と呼ばれていて、少しレベルの高い計算が必要である。気になる人のために巻末の付録 C でその公式を説明しておくことにしよう。

第 4 章で話した標準偏差の意味に従って計算してやると、ちゃんと σ が導かれてくるようになっている。今の場合、平均値である 0 からの差である x を 2 乗してやって、それとこの分布を掛け合わせながら全範囲で積分してやるのである。

$$\frac{1}{\sqrt{2\pi}\,\sigma}\int_{-\infty}^{\infty} x^2 \exp\left(-\frac{x^2}{2\sigma^2}\right) \mathrm{d}x \;=\; \sigma^2$$

この手続きで導かれるのは「分散」と呼ばれる量なのだった。それは標準偏差を 2 乗したものだったのだからこれで合っているわけだ。この積分もガウス積分の亜種であり、普通の方法では解けないので、気になる人のために巻末の付録 C で説明しておこう。

さて、わざわざ確認までしてもらった人には大変申し訳ないのだが、ここで少し問題がある。今の我々にとってはこのような標準偏差 σ にはあまり意味がないのだ。なぜなら、量子力学では波動関数を 2 乗したものが存在確率を表しているので、もし量子力学的な標準偏差を求めたいのなら関数を 2 乗して積分したときに 1 になるような調整をした上で、改めて標準偏差を計算してやるべきだからである。

そこで、係数の調整や変数の意味付けは必要なら後でやることにして、とりあえずガウス分布の特徴を次のように単純化したものを使うことにしよう。

$$f(x) \;=\; e^{-ax^2}$$

これをフーリエ変換してみる。

$$\begin{aligned}
F(k) \;&=\; \int_{-\infty}^{\infty} e^{-ax^2}\; e^{-ikx}\,\mathrm{d}x \\
&=\; \int_{-\infty}^{\infty} \exp\left(-ax^2 \;-\; ikx\right)\,\mathrm{d}x \\
&=\; \int_{-\infty}^{\infty} \exp\left[-a\left(x \;+\; \frac{1}{2a}ik\right)^2 - \frac{1}{4a}k^2\right]\mathrm{d}x \\
&=\; \int_{-\infty}^{\infty} \exp\left[-a\left(x \;+\; \frac{1}{2a}ik\right)^2\right]\exp\left(-\frac{1}{4a}k^2\right)\mathrm{d}x \\
&=\; \exp\left(-\frac{1}{4a}k^2\right)\;\int_{-\infty}^{\infty} \exp\left[-a\left(x \;+\; \frac{1}{2a}ik\right)^2\right]\mathrm{d}x
\end{aligned}$$

残念ながらこの続きを計算するためには「複素積分」という計算テクニックが必要だ。それは「複素関数論」という数学分野の中でかなりのページ数を使って説明されるような内容で、ここで説明し始めるわけにも行かない。「複素積分」を回避する別の計算テクニックもあるのだが、そちらでは「微分方程式」の知識が必要になり、それを話すのもまた長くなる。仕方がないからここでは計算結果だけを書いてしまおう。巻末の付録 D にできるだけ詳しく計算過程を書いておくので、いつか理解できるように頑張ってみてほしい。理論は大げさだが、上の積分のところは実はとても簡単な答えになり、まとめると次のようになる。

$$F(k) \;=\; \sqrt{\frac{\pi}{a}}\,\exp\left(-\frac{1}{4a}k^2\right)$$

係数部分は後で調整するのであまり関係ない。指数関数の部分だけに注目して欲しい。結局、ガウス分布をフーリエ変換しても、やはりガウス分布と同じ形になるというのである。しかし a だった部分が $1/(4a)$ になっており、標準偏差は変換前と同じではなさそうだ。どうやら互いに反比例の関係になっていて、変換前の関数のグラフの幅を広げれば変換後のグラフの幅は狭くなり、狭くすれば広くなるようである。やはり不確定性関係と同じことが言えていそうだ。このように、不確定性関係というのは量子力学に特有の神秘的な関係ではなく、波を振動数ごとに分解して考えたときに自然に成り立つ関係であることが分かる。

では変換前後の量子力学的な標準偏差をちゃんと計算してやろう。関数の 2 乗を使って計算することが必要だ。まずは $f(x)$ の 2 乗について、全体の積分が 1 になるように調整してやる必要がある。係数を付けないで計算すると次のようになる。

$$\int_{-\infty}^{\infty}\left(e^{-ax^2}\right)^2\,\mathrm{d}x \;=\; \int_{-\infty}^{\infty} e^{-2ax^2}\,\mathrm{d}x \;=\; \sqrt{\frac{\pi}{2a}}$$

気付いたかも知れないが、ガウス分布を 2 乗したものもやはりガウス分布なのである。そして、この計算にはやはり「ガウス積分の公式」(巻末の付録 C) を使っている。それがこのような結果になるから、$f(x)$ の係数を調整してあらかじめ次のようにしておかなくてはならないことが分かる。

$$f(x) \;=\; \left(\frac{2a}{\pi}\right)^{\frac{1}{4}} e^{-ax^2}$$

次にこの式の2乗を使って標準偏差を計算してやる。これは量子力学的な意味での標準偏差であるから第4章と同じように Δx と表そう。次の計算で導かれるのは分散なので、標準偏差の2乗で表す。ここでも付録Cの公式を使うことになる。

$$
\begin{aligned}
(\Delta x)^2 &= \int_{-\infty}^{\infty} x^2 \left(f(x)\right)^2 \,\mathrm{d}x \\
&= \int_{-\infty}^{\infty} x^2 \sqrt{\frac{2a}{\pi}}\, e^{-2ax^2} \,\mathrm{d}x \\
&= \sqrt{\frac{2a}{\pi}}\ \frac{\sqrt{\pi}}{2\sqrt{(2a)^3}} \\
&= \frac{1}{4a}
\end{aligned}
$$

次は $F(k)$ の方の標準偏差 Δk を求める番だが、同じ計算をわざわざ繰り返す必要はない。$F(k)$ は $f(x)$ の式の a だった部分が $1/(4a)$ になったものであるから、次のような置き換えで簡単に求められる。

$$
(\Delta k)^2 = \frac{1}{4\big[1/(4a)\big]} = a
$$

つまり、$(\Delta x)^2$ と $(\Delta k)^2$ の積は $1/4$ だということになる。ゆえに、こうだ。

$$
\Delta x \cdot \Delta k = \frac{1}{2}
$$

波数 k と運動量 p との間には $p = \hbar k$ という比例関係があったのだから、標準偏差についても $\Delta p = \hbar\Delta k$ になっており、

$$
\Delta x \cdot \Delta p = \Delta x \cdot \hbar\,\Delta k = \frac{\hbar}{2}
$$

という関係が導かれる。これは第4章で導いた不確定性関係の最小値だ。波動関数がガウス分布の形の波束であるとき、不確定性関係は最小になっているのである。

ところで、運動量の分布を表す $F(k)$ の方まで2乗をしてから標準偏差を計算すべきなのはなぜだろうか、という疑問を持たれたかも知れない。波

動関数 $f(x)$ の 2 乗が「粒子がそこに見出される確率密度」を表すというのは量子力学の要請として受け容れるとして、粒子の運動量についても似たことが言えるということだろうか？ それについては次節で明らかにしよう。

5.7　運動量の期待値の意味

第 4 章で運動量の期待値 $\langle p \rangle$ を求める方法を導き出したことがある。次のような計算をすれば良いのだった。

$$\begin{aligned}\langle p \rangle &= \int \psi^* \, \hat{p} \, \psi \ \mathrm{d}x \\ &= \int \psi^* \left(-i\hbar \frac{\partial}{\partial x} \right) \psi \ \mathrm{d}x\end{aligned}$$

しかしどうしてこのような方法で導くことができるのかという意味まではうまく説明できなかったのだった。それが、この章で学んだフーリエ変換の知識を使えば何とかなりそうなのだ。

波動関数 $\psi(x)$ というのは複数の波の重ね合わせで作ることができて、次のように表せることを新たに学んだ。

$$\psi(x) = \frac{1}{2\pi} \int_{-\infty}^{\infty} F(k) \ e^{ikx} \, \mathrm{d}k$$

思い出せない人のために言っておくと、これは少し前の節でやったフーリエ逆変換の式を持ってきただけである。そのときの説明では $f(x)$ と表していたが、いかにも波動関数らしい雰囲気を出すために $\psi(x)$ に変えただけのことだ。これを期待値を求める式に代入してみることにしよう。スペースの関係で積分範囲を省略して書くが、全て $-\infty \sim \infty$ の範囲での積分であると思ってほしい。

$$\begin{aligned}\langle p\rangle &= \int \psi^* \left(-i\hbar\frac{\partial}{\partial x}\right)\psi \ \mathrm{d}x \\ &= \frac{1}{4\pi^2}\int \left(\int F(k)\ e^{ikx}\,\mathrm{d}k\right)^* \left(-i\hbar\frac{\partial}{\partial x}\right)\left(\int F(k')\ e^{ik'x}\,\mathrm{d}k'\right)\mathrm{d}x \\ &= \frac{1}{4\pi^2}\int \left(\int F^*(k)\ e^{-ikx}\,\mathrm{d}k\right)(-i\hbar)\left(\int F(k')ik'\,e^{ik'x}\,\mathrm{d}k'\right)\mathrm{d}x \\ &= \frac{1}{4\pi^2}\int \left(\int F^*(k)\ e^{-ikx}\,\mathrm{d}k\right)\left(\int F(k')\,\hbar k'\,e^{ik'x}\,\mathrm{d}k'\right)\mathrm{d}x \\ &= \frac{1}{4\pi^2}\int \left(\iint \hbar k'\,F^*(k)\,F(k')\ e^{i(k'-k)x}\,\mathrm{d}k\,\mathrm{d}k'\right)\mathrm{d}x\end{aligned}$$

かなり複雑になってしまった気がするが、よく見ると積分の中に x が出てくるのは一箇所だけである。だからまず x で積分してやれば楽であろう。x で積分するときには他の変数は全て定数だと思って計算してやればいいからだ。ここで、デルタ関数というものがあらゆる波が均等に重なって出来ているという、次の式を思い出そう。

$$\delta(x) = \frac{1}{2\pi}\int_{-\infty}^{\infty} e^{ikx}\,\mathrm{d}k$$

この式がここでどう役に立つのかと不思議に思うかも知れない。今からやろうとしているのは x での積分なのに、この式は k での積分である。しかし記号に惑わされてはいけない。これはこういう数学の公式なのだと思えば、記号は何に変えても成り立っているはずである。それで k と x を入れ替えて書いてみよう。

$$\delta(k) = \frac{1}{2\pi}\int_{-\infty}^{\infty} e^{ikx}\,\mathrm{d}x$$

e^{ikx} の部分は記号を入れ替えても同じなのでそのままの形にしておいた。これで私が何を言いたいか分かるだろうか？ こういう計算に慣れていなければまだ分からないかも知れない。今は x での積分をしようとしているので、この式の k の部分はただの定数である。すると k の代わりに例えば $k'-k$ に置き換えても成り立っているはずだ。

$$\delta(k'-k) = \frac{1}{2\pi}\int_{-\infty}^{\infty} e^{i(k'-k)x}\,\mathrm{d}x$$

今度こそ、何をすべきか分かってもらえたと思う。これを当てはめれば先ほどの計算の続きは次のように書けるわけだ。

$$\langle p \rangle \ = \ \frac{1}{2\pi} \iint \hbar k' \, F^*(k) \, F(k') \ \delta(k'-k) \, \mathrm{d}k \, \mathrm{d}k'$$

次は k' で積分してやろう。デルタ関数の性質を使えば簡単なのだが、ここでも少し説明が必要だ。デルタ関数 $\delta(x)$ というのは $x=0$ が特別な点になっている。これは $x=0$ に粒子が存在しているような状態を表すのに都合が良いと説明したことがあるが、これを少しずらして、もし $x=a$ に粒子が存在することを表したければ $\delta(x-a)$ という表現を使えばいい。なぜならこうした場合、$x-a=0$ となる点でデルタ関数の特別な作用が発揮されることになるからだ。それで、$\delta(x-a)$ という形のデルタ関数と他の関数 $g(x)$ を掛けて積分した場合には次のような結果になる。

$$\int g(x) \, \delta(x-a) \, \mathrm{d}x \ = \ g(a)$$

この性質はイメージに頼った単なる思い付きなどではなく、ちゃんと前に説明した性質から導かれる話である。この式の左辺を $x' = x - a$ で置き換えれば、$\int g(x'+a) \, \delta(x') \, \mathrm{d}x'$ となるから、これは前に説明した性質により、$g(x'+a)$ に $x'=0$ を代入した値となるであろう。すなわち $g(a)$ が出てくるという理屈だ。

さて、今は $\delta(k'-k)$ を含んだ式を k' で積分してやろうというのだから、式の残りの部分にある k' を全て k に置き換えたものが結果として残るわけである。それで計算の続きは次のようになる。

$$\begin{aligned} \langle p \rangle \ &= \ \frac{1}{2\pi} \int \hbar k \, F^*(k) \, F(k) \ \mathrm{d}k \\ &= \ \frac{1}{2\pi} \int p(k) \ |F(k)|^2 \ \mathrm{d}k \end{aligned}$$

この結果を解釈してやろう。$p(k)$ というのは運動量で、$\hbar k$ が運動量を意味するからそのように書き直しておいた。$F(k)$ は波動関数の中にどんな波数を持った成分が含まれているかの分布を表しているのだった。しかしここではその絶対値の 2 乗を使って計算が行われている。運動量の測定をしたときに粒子がどんな運動量を持っているかを観測する確率は、$F(k)$ ではなく、$|F(k)|^2$ に比例しているらしい。そのように解釈すればこの計算が意

味するものは確かに運動量の期待値であると納得できる。期待値というのは、ある値を得る確率とその値とを掛け合わせて、全ての可能性について和を取ったものだからだ。

しかしまだ気になる点がある。$1/(2\pi)$ という係数の存在とその意味がよく分からない。もし $|F(k)|^2$ が運動量の確率分布を意味しているというならば、全ての可能性を足し合わせたときに1になるような調整が行われていなければならない。ちょうどいいからこの余分に付いてきている係数を含めてそのような調整を行っておけば丸く収まるだろう。つまり次の関係が成り立つようにしておくべきだろうということだ。

$$\frac{1}{2\pi}\int_{-\infty}^{\infty}|F(k)|^2\,\mathrm{d}k \ = \ 1$$

これは何とも人為的に辻褄を合わせる作業のような気がしてしまうわけだが、実はこのような調整をわざわざ行う必要はないのである。

フーリエ変換の前後では次のような公式が成り立っており、もし、もともとの波動関数 $\psi(x)$ の積分が1に規格化されていれば、いや、当然成されているべきだが、その場合には自動的に先ほど書いたような調整が出来上がっていることになるからである。

パーセバルの等式

$$\int_{-\infty}^{\infty}|f(x)|^2\,\mathrm{d}x \ = \ \frac{1}{2\pi}\int_{-\infty}^{\infty}|F(k)|^2\,\mathrm{d}k$$

左辺が1ならば右辺も1だというわけだ。

この「パーセバルの等式」を証明するのは簡単なので、気になる人のためにここで軽くやってしまおう。これまで通り、関数 $f(x)$ をフーリエ変換したものを $F(k)$、そして関数 $g(x)$ をフーリエ変換したものを $G(k)$ だとす

ると、

$$\begin{aligned}
\int_{-\infty}^{\infty} f^*(x)\, g(x)\, \mathrm{d}x &= \int_{-\infty}^{\infty} f^*(x) \left[\frac{1}{2\pi}\int_{-\infty}^{\infty} G(k)\, e^{ikx}\, \mathrm{d}k\right] \mathrm{d}x \\
&= \frac{1}{2\pi}\int_{-\infty}^{\infty} G(k) \left[\int_{-\infty}^{\infty} f^*(x)\, e^{ikx}\, \mathrm{d}x\right] \mathrm{d}k \\
&= \frac{1}{2\pi}\int_{-\infty}^{\infty} G(k) \left[\int_{-\infty}^{\infty} f(x)\, e^{-ikx}\, \mathrm{d}x\right]^* \mathrm{d}k \\
&= \frac{1}{2\pi}\int_{-\infty}^{\infty} G(k)\, F^*(k)\, \mathrm{d}k
\end{aligned}$$

という変形が成り立つ。ここで $g(x) = f(x)$ の場合が、まさに上に書いた等式である。

5.8　偶関数と奇関数

これで「運動量の期待値」についての話も片付いたわけだが、その補足も兼ねてそろそろ言っておかなければならないことが少しある。前節の式変形の中に $f^*(x)$ や $F^*(k)$ という形がやたらと出てくることが気にならなかっただろうか。$f(x)$ や $F(k)$ が実数関数であれば複素共役を取っても何も違いはないわけで、わざわざこのような表記をする必要はないはずだ。

今までの説明ではフーリエ変換というものが実数関数 $f(x)$ を実数関数 $F(k)$ へと変換するものであるかのような印象を何となく与えてしまっていたかもしれない。しかし実はフーリエ変換というのは複素関数を複素関数へと変換するような変換なのである。もし $f(x)$ が実数関数であっても、変換後の $F(k)$ が複素関数になってしまうことは普通に起こり得る。今までそうならなかったのは簡単な例を使った結果であり、たまたまそうなってしまっただけなのだ。

ではどういう状況のときにどんな変換結果になるかを簡単にまとめておこう。まず、$f(x)$ が実数の偶関数である場合、$F(k)$ も実数の偶関数となる。偶関数というのは $f(x) = f(-x)$ を満たすような関数であり、つまり原点を挟んで左右が鏡のように対称な形をしている関数だ。これは今まで使ってきたガウス分布の例がまさにそうなっていた。

そして $f(x)$ が実数の奇関数である場合、$F(k)$ は純虚数の奇関数になる。奇関数というのは $f(x) = -f(-x)$ を満たすような関数であり、原点を中心に $180°$ 回転させても同じ形になる関数だ。

なぜここで虚数が出てくるのかとあまり不思議に思う必要はない。もともとのフーリエ級数では関数を cos 関数と sin 関数とで表していた。cos 関数は偶関数であり、sin 関数は奇関数である。$f(x)$ が偶関数ならフーリエ級数は cos 関数の組み合わせのみで表され、$f(x)$ が奇関数ならフーリエ級数は sin 関数の組み合わせのみで表されることになっていたのである。ところがこれを複素フーリエ級数に拡張したときに、cos の成分を実数に、sin の成分は虚数になるように割り当てたのだった。これはオイラーの公式 $e^{ix} = \cos x + i \sin x$ の形から自然にそうなるのである。

ところで、どんな関数 $f(x)$ も偶関数と奇関数の和として表せるということは知っているだろうか？ 関数 $f(x)$ を使って

$$g(x) \ = \ \frac{f(x) + f(-x)}{2} \quad , \quad h(x) \ = \ \frac{f(x) - f(-x)}{2}$$

という二通りの関数を作ってやる。すると $g(x)$ は $g(x) = g(-x)$ を満たすので偶関数であり、$h(x)$ は $h(x) = -h(-x)$ を満たすので奇関数である。ところが、これらの関数の和を作れば

$$f(x) \ = \ g(x) \ + \ h(x)$$

となっているので、$f(x)$ はいつでも偶関数と奇関数に分けて表せることになる。つまり、フーリエ変換後の $F(k)$ の実数部分は $f(x)$ に含まれる偶関数成分についての波数分布を表し、虚数部分は $f(x)$ の奇関数成分の波数分布を表していると言えるわけだ。

以上のことから言えることは、$f(x)$ が実数である限りは

$$F(-k) \ = \ F^*(k)$$

という関係が成り立っていることである。変数 k の符号を反転させたとき、実数部分は偶関数なので変化せず、虚数部分は奇関数なので符号が反転するという意味だ。

ここまで知ると前節の内容に疑いが生じてくる。なぜなら

$$|F(-k)|^2 \ = \ |F(k)|^2$$

という状況になっており、運動量の確率分布は原点を挟んで左右対称、正の方向へ向かう粒子を見出す確率も、負の方向へ向かう粒子を見出す確率も全く同じ形になっており、つまりそれは、運動量の期待値を計算すれば必ず0になってしまうということにならないだろうか？

いや、実際にそうなのだ。「時間に依存しないシュレーディンガー方程式」の解が実数である場合にはそうなる。どういうことかと言うと、たとえ波動関数 $\psi(x,t)$ 全体が複素数であったとしても、それが実数関数 $f(x)$ に時間によって変動する成分 $e^{-i\omega t}$ がついた $\psi(x,t) = f(x)e^{-i\omega t}$ という形になっていて、全体が同じ位相で複素平面を回転する場合には運動量の期待値は0になるのである。調和振動子の個々の解がそれに似た状況になっていた。

運動する粒子を表したければ、$f(x)$ は複素数でなくてはならない。例えば $f(x) = e^{ikx}$ という複素数の波をフーリエ変換すれば、これは運動量 $+k$ の一点にピークを持つデルタ関数のようになるだろう。正の方向へ向かう波が一つあることを示しており、結果は左右対称ではない。

普通ならこのような細かい話はせずに、何となく分かったつもりになっていてもらえばいいのではないかと思えたりもするのだが、どうしても書かずにはいられなかった。せっかくフーリエ変換という面白い道具を手に入れたのだから、このような性質をも視野に入れながらもう少し遊んでみたいと思うのである。

そろそろ疲れてきたとは思うが、もう少しだけ付き合ってほしい。

5.9　波束の崩壊

フーリエ変換によって、波を様々な波数を持つ単純な波の組み合わせに分解して理解することができるようになった。ところが波束を構成するそれぞれの単純な波は、シュレーディンガー方程式に従って、それぞれに異なる速度で移動するのである。そうなると、時間の経過によって波の重ね合わさり方はどんどんとずれてきてしまう。そのときに、波束の形はどんな風に変化するのだろうか？

フーリエ逆変換というのは、波束を構成する個々の波 e^{ikx} の波数ごとの分布 $F(k)$ に従って波を重ね合わせてやって元の波の形 $f(x)$ を再現するという意味になっていた。

$$f(x) = \frac{1}{2\pi} \int_{-\infty}^{\infty} F(k)\ e^{ikx}\,\mathrm{d}k$$

これにちょっと細工をしてやって、e^{ikx} に $e^{-i\omega t}$ を付けてやれば個々の波はそれぞれの速度で移動を始める。それを重ね合わせればいいのだ。

$$\psi(x,t) = \frac{1}{2\pi} \int_{-\infty}^{\infty} F(k)\ e^{i(kx-\omega t)}\,\mathrm{d}k$$

この ω というのは定数ではなくて波数 k によって値が違っている。例えばポテンシャルエネルギーが 0 で、粒子が自由に等速直線運動できる状況ではエネルギーと運動量の関係は $E = p^2/(2m)$ であって、$p = \hbar k$、$E = \hbar\omega$ であることを思い出すと、

$$\begin{aligned} \hbar\omega &= (\hbar k)^2/(2m) \\ \therefore \omega &= \hbar k^2/(2m) \end{aligned}$$

という関係になっている。つまり $\omega(k)$ という関数であると考えるべきである。積分をするとき、この状況は少し面倒だ。

ちなみにこのとき、個々の波の速度は

$$\begin{aligned} \nu\lambda &= \frac{\omega}{2\pi}\frac{2\pi}{k} = \frac{\omega}{k} \\ &= \frac{\hbar k^2/(2m)}{k} = \frac{\hbar k}{2m} = \frac{p}{2m} = \frac{mv}{2m} = \frac{v}{2} \end{aligned}$$

となる。これは古典力学の関係から導かれる粒子の速度 v とは異なっている。ちょうど半分の速度である。これは第 1 章で説明したことの再確認だ。

さて、$F(k)$ を具体的にどう設定してやろうか。前にガウス分布型の波である

$$\psi(x) = e^{-ax^2}$$

をフーリエ変換した結果として

$$F(k) = \sqrt{\frac{\pi}{a}}\, e^{-\frac{1}{4a}k^2}$$

を得たのだった。しかしこれは $k=0$ にピークを持つ形の関数であり、波数の平均が0だということだ。つまり平均すると全体として止まっていることになるのでこれをそのまま使ったのでは面白くない。そこでグラフ全体を k_0 だけ右へずらしてやったものを使うことにしよう。

$$F(k) \ = \ \sqrt{\frac{\pi}{a}}\, e^{-\frac{1}{4a}(k-k_0)^2}$$

こうすることで、平均して k_0 であるような波束を表せることになる。

これら $\psi(x)$ も $F(k)$ も全体を積分して1になるように規格化されてはいないのだが、それは全体に何らかの定数を掛けて調整するだけのことであるし、これからの話では重要ではないのでこのまま使うことにしよう。

残る問題は、計算のために $\omega(k)$ の形を具体的に決めなくてはいけないということだ。しかし先ほど考えたような自由な等速運動の場合の式を入れてみると、計算が複雑な上に結果の解釈も難しいのである。そこで、計算の手間を軽減するためと、解釈のしやすさの都合から、次のような近似を使ってみることにする。

$$\omega(k) \ \fallingdotseq \omega(k_0) \ + \ \frac{\mathrm{d}\omega}{\mathrm{d}k}(k-k_0)$$

右辺第1項の $\omega(k_0)$ は $F(k)$ のピークの位置 k_0 に対応する角振動数を意味しており、今後の計算では定数として扱える。また k_0 から少しずれた k における $\omega(k)$ は、そこからのずれ $(k-k_0)$ に比例していると考えることにした。その比例定数は $\omega(k)$ の微分を使えばいい。かなり大雑把な近似だが、これでとりあえず試してみよう。しかしこの式をそのまま使うと式変形が見にくくなるので、次のように簡略化した表記を使うことにする。

$$\omega(k) \ \fallingdotseq \ \omega_0 \ + \ g(k-k_0)$$

$\mathrm{d}\omega/\,\mathrm{d}k$ を定数 g と表記することにしたのである。また、この後の式変形の途中で $k'=k-k_0$ という変数の置き換えを行う。これで計算がかなり楽になる。積分範囲もスペースの都合で書かないでおくが、全て無限大である。ではやってみよう。

$$
\begin{aligned}
\psi(x,t) &= \frac{1}{2\pi}\int F(k)\,\exp\Big(ikx - i\omega(k)t\Big)\,\mathrm{d}k \\
&= \frac{1}{2\pi}\int \sqrt{\frac{\pi}{a}}\exp\left(-\frac{1}{4a}(k-k_0)^2\right)\exp\left(ikx - i\Big(\omega_0 + g(k-k_0)\Big)t\right)\mathrm{d}k \\
&= \frac{1}{2\pi}\int \sqrt{\frac{\pi}{a}}\exp\left(-\frac{1}{4a}k'^2\right)\exp\left(i(k'+k_0)x - i\Big(\omega_0 + gk'\Big)t\right)\mathrm{d}k' \\
&= \frac{1}{2\sqrt{\pi a}}\int \exp\left(-\frac{1}{4a}k'^2 + ik'x + ik_0x - i\omega_0 t - igk't\right)\mathrm{d}k' \\
&= \frac{1}{2\sqrt{\pi a}}\int \exp\left(-\frac{1}{4a}k'^2 + ik'x - igk't\right)\exp\left(ik_0x - i\omega_0 t\right)\mathrm{d}k' \\
&= \frac{1}{2\sqrt{\pi a}}\,e^{i(k_0x-\omega_0t)}\int \exp\left(-\frac{1}{4a}k'^2 + ik'x - igk't\right)\mathrm{d}k' \\
&= \frac{1}{2\sqrt{\pi a}}\,e^{i(k_0x-\omega_0t)}\int \exp\left[-\frac{1}{4a}\Big(k'^2 - 4ai(x-gt)k'\Big)\right]\mathrm{d}k' \\
&= \frac{1}{2\sqrt{\pi a}}\,e^{i(k_0x-\omega_0t)}\int \exp\left[-\frac{1}{4a}\Big(k' - 2ai(x-gt)\Big)^2\right. \\
&\qquad\qquad\qquad\qquad\left. -\frac{1}{4a}4a^2(x-gt)^2\right]\mathrm{d}k' \\
&= \frac{1}{2\sqrt{\pi a}}\,e^{i(k_0x-\omega_0t)}\int \exp\left[-\frac{1}{4a}\Big(k' - 2ai(x-gt)\Big)^2\right] \\
&\qquad\qquad\qquad\qquad \exp\Big(-a(x-gt)^2\Big)\mathrm{d}k' \\
&= \frac{1}{2\sqrt{\pi a}}\,e^{i(k_0x-\omega_0t)}\;e^{-a(x-gt)^2}\int \exp\left[-\frac{1}{4a}\Big(k' - 2ai(x-gt)\Big)^2\right]\mathrm{d}k'
\end{aligned}
$$

とりあえずここまで。複雑に見えるかも知れないが、ほとんどは高校の数学の範囲で理解できるような変形である。k による積分を k' による積分に置き換えるのも高校の置換積分で理解できるだろう。どの程度の量の計算で結果が出るのかというのを感じてほしくて、初学者向けの本ではあるけれどもちょっと無理をしてみた。この続きを計算するためには複素積分とガウス積分の公式を使わざるを得ないが、少し前にやったのとほとんど同じ手順で理解できる。気になる人は付録を参考にしてほしい。

$$
\begin{aligned}
&= \frac{1}{2\sqrt{\pi a}}\ e^{i(k_0 x - \omega_0 t)}\ e^{-a(x-gt)^2}\ \int \exp\left(-\frac{1}{4a}k'^2\right) \mathrm{d}k' \\
&= \frac{1}{2\sqrt{\pi a}}\ e^{i(k_0 x - \omega_0 t)}\ e^{-a(x-gt)^2}\ \sqrt{4a\pi} \\
&= e^{i(k_0 x - \omega_0 t)}\ e^{-a(x-gt)^2}
\end{aligned}
$$

随分とシンプルな結果になった。$e^{i(k_0 x - \omega_0 t)}$ の部分は波動関数が複素平面内で回転する様子を表す。場所ごとにその位相が異なるので、あたかも x 軸の周りに巻かれた螺旋が進むイメージだ。しかしその絶対値は常に 1 なので物理的には大きな意味はない。

一方、$e^{-a(x-gt)^2}$ の部分は実数であり、螺旋の半径を決めている部分である。$\psi(x,t)$ の絶対値の 2 乗を計算したときにはこちらの要素だけが生き残る。これはもともとのガウス分布 e^{-ax^2} と同じ形をしていて、それが gt だけ平行移動したものである。つまり、ガウス分布のピークの位置が速度 g で移動するような関数だ。g というのは $\frac{\mathrm{d}\omega}{\mathrm{d}k}$ のことだった。先ほどの「自由に等速直線運動できる状況」の ω と k の関係を当てはめて計算してやると、

$$
g = \frac{\mathrm{d}\omega}{\mathrm{d}k} = \frac{\mathrm{d}}{\mathrm{d}k}\left(\frac{\hbar k^2}{2m}\right) = \frac{\hbar k}{m} = \frac{p}{m} = \frac{mv}{m} = v
$$

となっており、波束の移動速度が古典力学での粒子の速度と一致する。これはとても興味深い。

我々が粒子だと思っているものは、実はこのような波束なのだろうか。

しかしこの結果には不満がある。よく知られている現象が式に現れていないのだ。おそらくは $\omega(k)$ の近似の仕方が荒かったのだろう。そこでもう少し近似の精度を上げて計算し直してみよう。テイラー展開の 2 次の項までを使って次のような仮定を行うことにする。

$$
\omega(k) \fallingdotseq \omega(k_0) + \frac{\mathrm{d}\omega}{\mathrm{d}k}(k - k_0) + \frac{1}{2}\frac{\mathrm{d}^2\omega}{\mathrm{d}k^2}(k - k_0)^2
$$

近似とは言っても先ほどの「自由に等速直線運動できる状況」の ω と k の関係を当てはめる場合にはこれで十分に正確である。3 次以上の項を入

れて計算してみてもそれらの項は0になるだけであるし、k が k_0 から幾ら離れようとも正確に同じである。

この式をそのまま使うと式がごちゃごちゃするので、次のように表現を変えたものを使うことにする。

$$\omega(k) \fallingdotseq \omega_0 + g(k-k_0) + h(k-k_0)^2$$

g も h も定数であり、h はプランク定数とは何の関係もない。先ほどの計算から項が一つ増えただけなので、頑張ってやってみよう。

$$\begin{aligned}
\psi(x,t) &= \frac{1}{2\pi}\int F(k)\exp\Big(ikx - i\omega(k)t\Big)\,\mathrm{d}k \\
&= \frac{1}{2\pi}\int\sqrt{\frac{\pi}{a}}\exp\left(-\frac{1}{4a}(k-k_0)^2\right) \\
&\qquad\qquad \exp\Big(ikx - i\Big(\omega_0 + g(k-k_0) + h(k-k_0)^2\Big)t\Big)\,\mathrm{d}k \\
&= \frac{1}{2\sqrt{\pi a}}\int\exp\left(-\frac{1}{4a}k'^2 + i(k'+k_0)x - i\Big(\omega_0 + gk' + hk'^2\Big)t\right)\mathrm{d}k' \\
&= \frac{1}{2\sqrt{\pi a}}\int\exp\left(-\frac{1}{4a}k'^2 + ik'x - igk't - ihk'^2t\right) \\
&\qquad\qquad \exp\left(ik_0x - i\omega_0t\right)\mathrm{d}k' \\
&= \frac{1}{2\sqrt{\pi a}}e^{i(k_0x-\omega_0t)}\int\exp\left(-\frac{1}{4a}k'^2 + ik'x - igk't - ihk'^2t\right)\mathrm{d}k' \\
&= \frac{1}{2\sqrt{\pi a}}e^{i(k_0x-\omega_0t)}\int\exp\left[-\left(\frac{1}{4a}+iht\right)k'^2 + i(x-gt)k'\right]\mathrm{d}k' \\
&= \frac{1}{2\sqrt{\pi a}}e^{i(k_0x-\omega_0t)}\int\exp\left[-\left(\frac{1}{4a}+iht\right)\left(k'^2 - \frac{i(x-gt)k'}{\left(\frac{1}{4a}+iht\right)}\right)\right]\mathrm{d}k' \\
&= \frac{1}{2\sqrt{\pi a}}e^{i(k_0x-\omega_0t)}\int\exp\left[-\left(\frac{1}{4a}+iht\right)\left(k' - \frac{i(x-gt)}{2\left(\frac{1}{4a}+iht\right)}\right)^2\right. \\
&\qquad\qquad \left. -\left(\frac{1}{4a}+iht\right)\frac{(x-gt)^2}{4\left(\frac{1}{4a}+iht\right)^2}\right]\mathrm{d}k'
\end{aligned}$$

$$
\begin{aligned}
&= \frac{1}{2\sqrt{\pi a}} e^{i(k_0 x - \omega_0 t)} \exp\left(-\frac{(x-gt)^2}{4\left(\frac{1}{4a}+iht\right)}\right) \\
&\qquad \int \exp\left[-\left(\frac{1}{4a}+iht\right)\left(k' - \frac{i(x-gt)}{2\left(\frac{1}{4a}+iht\right)}\right)^2\right] \mathrm{d}k' \\
&= \frac{1}{2\sqrt{\pi a}} e^{i(k_0 x - \omega_0 t)} \exp\left(-\frac{(x-gt)^2}{\frac{1}{a}+4iht}\right) \sqrt{\frac{\pi}{\frac{1}{4a}+iht}} \\
&= \sqrt{\frac{1}{1+4iaht}}\ e^{i(k_0 x - \omega_0 t)}\ \exp\left(-\frac{a(x-gt)^2}{1+4iaht}\right)
\end{aligned}
$$

かなり複雑な結果になったが、計算の方針は先ほどと変わっていない。複素積分はかなり複雑に見えるが、やっていることは同じなので必要な部分を置き換えて考えるだけで対処できる。

では結果について考えてみよう。係数は調整すればどうとでもなる部分なので無視して構わないし、$e^{i(k_0 x - \omega_0 t)}$ の部分も先ほどと同じだ。意味を考えなくてはならないのは $\exp(-a(x-gt)^2/(1+4iaht))$ の部分である。

見た目の複雑さに圧倒されそうになるが、構造は極めて単純である。最も単純なガウス分布の式の形は $\exp(-ax^2)$ であった。そしてこれが gt だけスライドしたものが $\exp\left[-a(x-gt)^2\right]$ である。この a はガウス分布の幅を決めている定数であったが、これが

$$
a \longrightarrow \frac{a}{1+4iaht}
$$

のように置き換わったものが今考えようとしている式の意味である。つまり、速度 g でピークの位置が移動しつつ、時間の経過とともに幅も変化していくような波束を意味しているのである。

しかしこの置き換わった係数の内部には虚数が含まれているため、全体も複素数になり、それほど単純でもない。そこで絶対値の2乗を使って評

価してみることにしよう。

$$\begin{aligned}
&\left|\exp\left(-\frac{a}{1+4iaht}(x-gt)^2\right)\right|^2 \\
&= \left[\exp\left(-\frac{a}{1+4iaht}(x-gt)^2\right)\right]^* \exp\left(-\frac{a}{1+4iaht}(x-gt)^2\right) \\
&= \exp\left(-\frac{a}{1-4iaht}(x-gt)^2\right)\exp\left(-\frac{a}{1+4iaht}(x-gt)^2\right) \\
&= \exp\left[\left(-\frac{a}{1-4iaht}-\frac{a}{1+4iaht}\right)(x-gt)^2\right] \\
&= \exp\left(-\frac{2a}{1+16a^2h^2t^2}(x-gt)^2\right)
\end{aligned}$$

さて、波動関数の形が e^{-ax^2} の場合にはその絶対値の 2 乗は e^{-2ax^2} であり、量子力学的な標準偏差 Δx との関係は、

$$(\Delta x)^2 = \frac{1}{4a}$$

となっていたのだった。a が小さいほど分布の横幅が広がるのである。今はこの a が

$$a \longrightarrow \frac{a}{1+16a^2h^2t^2}$$

になっているのだから、

$$(\Delta x)^2 = \frac{1+16a^2h^2t^2}{4a}$$

と表せるということだ。初期 $(t=0)$ の Δx を l_0、t 秒後の Δx を $l(t)$ と書くことにすれば、$l_0^2 = 1/(4a)$ なので a を消去できて、もう少し状況を把握しやすくなる。

$$l(t) = l_0\sqrt{1+\frac{h^2}{l_0^4}t^2}$$

つまり初期の波束の幅が狭ければ狭いほど、より急速に波束の幅が広がっていくことになるのである。

もともと Δx の幅だった波束がやがて $2\Delta x$ にまで広がったものと、もともと $2\Delta x$ から始めた波束を比較すると、前者の方が早く崩れてゆく。もともとの波が鋭く一点に集中した波形であったかどうかというのが後々まで影響するようだ。鋭い波というのは広い範囲の波数の波を含んでいるせいだろう。

波の組み合わせによって粒子のような性質を表現できないかという期待を持ってこのようなことを考え始めたわけだが、残念ながら、一点に集中させた波束は素早く崩れる運命にある。これでは永遠不変の小さな塊であるような粒子のイメージとは程遠い。こうして反抗の企ては崩れ去ったのである。

しかしここまで考えたことは無駄ではない。シュレーディンガー方程式に従う波動は、定常解でないときにはこのように振る舞うものだということが分かったのだ。

第6章　多粒子系

6.1　波動関数は現実の波ではなさそうだ

ここまでは1粒子の波動関数についてだけ考えてきた。この章では複数の粒子がある場合について考えてみよう。古典力学では2つの粒子の全エネルギーは次のように表される。

$$E = \frac{|\boldsymbol{p}_a|^2}{2m_a} + \frac{|\boldsymbol{p}_b|^2}{2m_b} + V(\boldsymbol{x}_a, \boldsymbol{x}_b, t)$$

第1項は粒子 A の運動エネルギー。第2項は粒子 B の運動エネルギー。$V(\boldsymbol{x}_a, \boldsymbol{x}_b, t)$ と書いた部分は具体的には書いていないが、これは2つの粒子の位置によって決まるエネルギーをひとまとめにしたものである。外部からの力が働いていれば、それぞれの粒子の位置エネルギーをこの部分に入れる必要があるし、A と B の粒子間に力が働いていれば、その位置エネルギーは互いの距離によって決まることになるから、やはりここに入る。それらの全部がここに含まれていると考えてもらえばいい。この式を使ってシュレーディンガー方程式を作ってやると次のようになる。

2粒子のシュレーディンガー方程式

$$i\hbar\frac{\partial}{\partial t}\psi = -\frac{\hbar^2}{2m_a}\nabla_a^2\psi - \frac{\hbar^2}{2m_b}\nabla_b^2\psi + V\psi$$

ここで使った ∇_a^2、∇_b^2 というのは、

$$\nabla_a^2 = \frac{\partial^2}{\partial x_a^2} + \frac{\partial^2}{\partial y_a^2} + \frac{\partial^2}{\partial z_a^2}$$

$$\nabla_b^2 = \frac{\partial^2}{\partial x_b^2} + \frac{\partial^2}{\partial y_b^2} + \frac{\partial^2}{\partial z_b^2}$$

という意味であり、(x_a, y_a, z_a)、(x_b, y_b, z_b) というのはそれぞれ粒子 A、B の座標である。ポテンシャル V の形によっては、この方程式は解けることもあるし、解くのが難しいこともある。それは 1 粒子の場合よりも複雑ではあるだろう。そして粒子 A が $\boldsymbol{x}_a \sim \boldsymbol{x}_a + \mathrm{d}\boldsymbol{x}_a$ の微小範囲に、それと同時に、粒子 B が $\boldsymbol{x}_b \sim \boldsymbol{x}_b + \mathrm{d}\boldsymbol{x}_b$ の微小範囲に見出される確率は次のように表せる。

$$\mathrm{d}P \;=\; \psi^*(\boldsymbol{x}_a, \boldsymbol{x}_b)\,\psi(\boldsymbol{x}_a, \boldsymbol{x}_b)\,\mathrm{d}\boldsymbol{x}_a\,\mathrm{d}\boldsymbol{x}_b$$

ここで使っている $\boldsymbol{x}_a$ や $\mathrm{d}\boldsymbol{x}_a$ などの表記は少し太字になっているが、これらはベクトルを意味しており、$\mathrm{d}\boldsymbol{x}_a \equiv \mathrm{d}x_a\,\mathrm{d}y_a\,\mathrm{d}z_a$ などという意味である。だから上の式をスペースを惜しまずに丁寧に書けば次のようになる。

$$\mathrm{d}P \;=\; \psi^*(x_a, y_a, z_a\,;\, x_b, y_b, z_b)\,\psi(x_a, y_a, z_a\,;\, x_b, y_b, z_b)\\ \mathrm{d}x_a\,\mathrm{d}y_a\,\mathrm{d}z_a\;\;\mathrm{d}x_b\,\mathrm{d}y_b\,\mathrm{d}z_b$$

広い範囲に幅を広げて、粒子がその広い範囲のどこかに存在する確率を考えたいときはこれを積分して計算してやればいい。粒子 A が見出される空間の範囲と、粒子 B が見出される空間の範囲の両方で積分するのである。

$$P \;=\; \iiint_{V_a}\iiint_{V_b}\psi^*(x_a, y_a, z_a\,;\, x_b, y_b, z_b)\,\psi(x_a, y_a, z_a\,;\, x_b, y_b, z_b)\\ \mathrm{d}x_a\,\mathrm{d}y_a\,\mathrm{d}z_a\;\;\mathrm{d}x_b\,\mathrm{d}y_b\,\mathrm{d}z_b$$

ここで使っている波動関数の座標変数は 6 つである。

$$\psi(x_a, y_a, z_a,\; x_b, y_b, z_b,\; t)$$

つまりこれは抽象的 6 次元空間内に存在する波であり、現実の 3 次元内に存在する波のイメージとは掛け離れている。前章までは、波動関数というものが我々の住む 3 次元内に実際に存在する波であるかのような、ひょっとするとそれが電子そのものの姿なのではないかと思わせるイメージで話してきたわけだが、考える粒子の数が増えるほど、こんな風にして波動関数の存在する空間の次元は増える。これでも波動関数自体が実在に極めて近い何かだと信じ続けていられるだろうか。

波動関数というのは抽象的な計算のツールに過ぎないのではないだろうか。

6.2 もう少し正確な原子の計算

これまでは粒子として何となく電子をイメージしていたかも知れないが、波動関数は電子を表すためだけに使われるわけではない。シュレーディンガー方程式の守備範囲は結構広くて、質量を持つ色々な粒子に適用できる。例えば原子核を、電子と同じように 1 つの粒子として扱ってやることもできるのである。方程式の上では原子核と電子の違いといえば質量くらいのものでしかない。そしてその振る舞いはやはり波で表される。

第 1 章では原子核の周りを回る電子の状態について計算したのだった。あのときは原子核が中心に固定されているものだというイメージで計算した。しかし月と地球の運動でもそうだが、互いに引き合う 2 つの物体は共通の重心の周りを運動するのである。水素原子の場合も同じであろうから、本当は原子核と電子の 2 粒子のシュレーディンガー方程式を作ってやって、それを解くべきなのだろう。

原子核の質量を M、電子の質量を m とする。原子核の位置座標を $\boldsymbol{X} = (X, Y, Z)$、電子の位置座標を $\boldsymbol{x} = (x, y, z)$ とする。原子核と電子の間に働く力はお互いの距離によって決まるから、位置エネルギーは $V(\boldsymbol{x} - \boldsymbol{X})$ で表されるとする。するとこの 2 粒子のシュレーディンガー方程式は次のようになる。

$$\begin{aligned} & -\frac{\hbar^2}{2M}\left(\frac{\partial^2}{\partial X^2}+\frac{\partial^2}{\partial Y^2}+\frac{\partial^2}{\partial Z^2}\right)\psi \\ & \quad -\frac{\hbar^2}{2m}\left(\frac{\partial^2}{\partial x^2}+\frac{\partial^2}{\partial y^2}+\frac{\partial^2}{\partial z^2}\right)\psi \;+\; V(|\boldsymbol{x}-\boldsymbol{X}|)\,\psi \;=\; E\psi \end{aligned}$$

すでに「時間に依存しない方程式」の形にしてある。

これを解きやすくするためには座標変換をしてやると良い。2 つの粒子の重心位置は

$$\boldsymbol{G} \;=\; \frac{M\boldsymbol{X}+m\boldsymbol{x}}{M+m}$$

のように表せるだろう。また、原子核から見た電子の相対位置は

$$\boldsymbol{r} \;=\; \boldsymbol{x}-\boldsymbol{X}$$

のように表せるだろう。そこで、現在 $\boldsymbol{X} = (X, Y, Z)$ と $\boldsymbol{x} = (x, y, z)$ とで表されている方程式を、$\boldsymbol{G} = (G_x, G_y, G_z)$ と $\boldsymbol{r} = (r_x, r_y, r_z)$ とで表された形へと書き換えてやるのである。難しいことを言っているように思えるかも知れないが、成分に分けて書けば次のような変換をしてやれば良いというだけの話である。

$$
\begin{aligned}
G_x &= (MX + mx)/(M + m) \\
G_y &= (MY + my)/(M + m) \\
G_z &= (MZ + mz)/(M + m) \\
r_x &= x - X \\
r_y &= y - Y \\
r_z &= z - Z
\end{aligned}
$$

微分演算子を座標変換する作業は数学的な技術に過ぎないので省略しようと思ったが、省略するほど難しくもないので、読者の答え合わせのために書いてしまおう。巻末の付録 B では極座標への変換を例にして座標変換の理論を説明しているが、それを応用すれば何とかなるだろう。今の状況では次のように計算すればいい。

$$
\begin{aligned}
\frac{\partial}{\partial X} &= \frac{\partial G_x}{\partial X}\frac{\partial}{\partial G_x} + \frac{\partial r_x}{\partial X}\frac{\partial}{\partial r_x} \\
&= \frac{M}{M + m}\frac{\partial}{\partial G_x} + (-1)\frac{\partial}{\partial r_x} \\
\frac{\partial}{\partial x} &= \frac{\partial G_x}{\partial x}\frac{\partial}{\partial G_x} + \frac{\partial r_x}{\partial x}\frac{\partial}{\partial r_x} \\
&= \frac{m}{M + m}\frac{\partial}{\partial G_x} + \frac{\partial}{\partial r_x}
\end{aligned}
$$

ここに書いたのは x 成分のみだが、他の成分も同じ形である。6 変数から 6 変数への変換ではあるのだが、今回の場合には座標の異なる成分をまたがるような絡みがないので、2 変数の変換が 3 組あるだけだと考えるこ

とができて、意外に楽である。これを使って、

$$\frac{\partial^2}{\partial X^2} = \left(\frac{M}{M+m}\frac{\partial}{\partial G_x} - \frac{\partial}{\partial r_x}\right)^2$$
$$= \frac{M^2}{(M+m)^2}\frac{\partial^2}{\partial G_x^2} - 2\frac{M}{M+m}\frac{\partial}{\partial G_x}\frac{\partial}{\partial r_x} + \frac{\partial^2}{\partial r_x^2}$$

のようなものをたくさん作り、先ほどのシュレーディンガー方程式に代入して整理してやると、実は結構面倒なのだが、次のような式が出来上がる。

$$-\frac{\hbar^2}{2(M+m)}\left(\frac{\partial^2}{\partial G_x^2}+\frac{\partial^2}{\partial G_y^2}+\frac{\partial^2}{\partial G_z^2}\right)\psi$$
$$-\frac{\hbar^2}{2}\left(\frac{M+m}{Mm}\right)\left(\frac{\partial^2}{\partial r_x^2}+\frac{\partial^2}{\partial r_y^2}+\frac{\partial^2}{\partial r_z^2}\right)\psi + V(|\boldsymbol{r}|)\,\psi = E\psi$$

この変換による一番の成果は、$V(|\boldsymbol{x}-\boldsymbol{X}|)$ と表されていた粒子間のポテンシャルが、$V(|\boldsymbol{r}|)$ という相対座標のみで表されるようになったことだろう。他の部分も重心座標 $\boldsymbol{G}=(G_x,G_y,G_z)$ と相対座標 $\boldsymbol{r}=(r_x,r_y,r_z)$ の絡みがなくてすっきりしている。つまり、変数分離法を使って、次のように二つの方程式に分けることができるというわけだ。

$$-\frac{\hbar^2}{2(M+m)}\left(\frac{\partial^2}{\partial G_x^2}+\frac{\partial^2}{\partial G_y^2}+\frac{\partial^2}{\partial G_z^2}\right)\phi = E_G\,\phi$$
$$-\frac{\hbar^2}{2}\left(\frac{M+m}{Mm}\right)\left(\frac{\partial^2}{\partial r_x^2}+\frac{\partial^2}{\partial r_y^2}+\frac{\partial^2}{\partial r_z^2}\right)\varphi + V(|\boldsymbol{r}|)\,\varphi = E_r\varphi$$

ここで上側の式で使っている ϕ は (G_x,G_y,G_z) のみの関数、下側の式に出てくる φ は (r_x,r_y,r_z) のみの関数になっており、$\psi=\phi\varphi$ という関係になっている。また E_G は重心系のエネルギー、E_r は相対座標でのエネルギーであり、$E=E_G+E_r$ という関係になっている。

上側の式は $M+m$ という質量の粒子がエネルギー E_G を持って自由に等速直線運動をする状況と同じ式である。つまり、原子核と電子が一体となって、一つの粒子のように進むのである。これは原子の運動である。

では下側の式はどうかというと、$Mm/(M+m)$ という質量の粒子が、相対座標の原点からの距離のみによって決まるポテンシャルに従って運動するのと同じだと言えるだろう。要するに、第 1 章で水素原子について計算

したのと状況はほとんど変わらない。違っているのは質量だけである。この質量を μ と表して、「**換算質量**」と呼ぶことにしよう。

$$\mu = \frac{Mm}{M+m}$$

水素の原子核は陽子 1 個だけであり、陽子の質量は電子の約 1836 倍である。それで $M = 1836\,m$ としてやると、

$$\mu \fallingdotseq \frac{1836\,m^2}{(1836+1)\,m} = \frac{1836}{1837}\,m$$

であり、ほとんど電子の質量と変わらないが、電子より約 2000 分の 1 くらい、ごくわずかに軽い。正確にはこの換算質量を使って水素原子のエネルギー準位を計算すべきだった、ということが分かるのである。

6.3　ボソンとフェルミオン

ところで、同種の粒子が多数ある場合には面白いことが言えるので、そこだけ軽く紹介しておこう。

N 個の同種の粒子があるとする。これら全ての粒子の状態を表す波動関数は、

$$\psi = \psi(\boldsymbol{x}_1, \boldsymbol{x}_2, \cdots, \boldsymbol{x}_N)$$

のように多数の変数で表すことができるわけだが、ここでどれでもいいから二つの粒子の座標値を入れ替えたら波動関数にどんな変化があるものだろうか？ 同種の粒子であるというのだから、二つの粒子を区別することはできない。シュレーディンガー方程式には各粒子を区別するようなパラメータは質量くらいしかなくて、今はそれも同じものを使っているのだから、理論上も区別できるものはない。しかし、この入れ替え操作によって波動関数に何の変化も起こらないと言い切れるだろうか？

例えば位相には変化が起こるかも知れない。式の全体に $e^{i\theta}$ を掛けても確率には影響が見られないのだったから、もしそのような変化が起こっていたとしても、観測上はあたかも何も変化していないかのように振る舞うだろう。この考えは、少しだけ当たっている。しかし事実はもっと単純だ。

一組の粒子を入れ替えて、さらにもう一度同じ操作をすれば、先に入れ替えた粒子の組が元に戻る。つまり初めと全く同じ状態だ。だからたとえ粒子の入れ替えで位相の変化が起こるのだとしても、同じ操作を 2 度行うと元に戻るような変化であるはずだ。それはつまり、波動関数の全体にマイナスが付くか、あるいは、初めから一切変化しないかのいずれかしかない。

さて、変化するのかしないのか、どちらが正しいと言えるだろうか？ 実は両方ともあり得るのである。この世界には、粒子を入れ替えたときに波動関数の符号が逆転するタイプの粒子と、符号が変化しないタイプの粒子の二種類が存在する。前者を「**フェルミオン（フェルミ粒子）**」、後者を「**ボソン（ボース粒子）**」と名付けよう。名前の由来は後で説明する。

ボソンを表す波動関数は「粒子の入れ替えに対して対称」であり、フェルミオンを表す波動関数は「粒子の入れ替えに対して反対称」である、という表現がよく使われる。

フェルミオンとボソンを見分ける方法はあるだろうか？ 波動関数の全体にマイナスが付くか付かないかというだけでは、観測上、何の違いも見出せないような気がする。しかし、たったこれだけの違いによって、明らかに見分けの付く性質の違いが生まれてくるのである。ここでイメージを助けるために数式を持ってこよう。同種多粒子系の方程式が次のように表されるとする。

$$\left\{ \sum_i \left[-\frac{\hbar^2}{2m} \nabla_i^2 \ + \ V(\boldsymbol{x}_i) \right] \right\} \psi \ = \ E\,\psi$$

この意味を原子核の周りを回る電子に例えて説明すると、各々の電子は原子核のポテンシャル $V(\boldsymbol{x})$ の影響下にはあるが、電子間に働くポテンシャルは考えないとしているようなものである。ここで粒子どうしは相互作用しないという仮定をしているのは理解してもらいやすくするためでしかない。本当は相互作用していてもこの先の結論は変わらないので、後でこれを元にイメージを膨らませて考えてみて欲しい。

上の方程式の解はどうなるか。原子核の周りには幾つもの状態があるのだった。状態 n にある 1 粒子の波動関数を $\varphi_n(\boldsymbol{x})$ だとすると、N 個の粒子

全体の波動関数は

$$\psi \;=\; \varphi_{n_1}(\boldsymbol{x}_1)\,\varphi_{n_2}(\boldsymbol{x}_2)\,\cdots\varphi_{n_N}(\boldsymbol{x}_N)$$

のように積で表すことができる。この式が意味するのは、1 番目の粒子 $\boldsymbol{x}_1$ が状態 n_1 にあり、2 番目の粒子 $\boldsymbol{x}_2$ が状態 n_2 にあり……ということである。もちろん複数の粒子が同じ状態に入っていることもありうるだろう。これと同じ状況を表す解はこれ以外に幾らでもある。本当は何番目の粒子なんて区別はないのだから、i 番目と j 番目を入れ替えて、i 番目の粒子が状態 n_j におり、j 番目の粒子が状態 n_i にいるかのように表現した次のような式も同じ意味である。

$$\psi \;=\; \varphi_{n_1}(\boldsymbol{x}_1)\cdots\varphi_{n_j}(\boldsymbol{x}_i)\cdots\varphi_{n_i}(\boldsymbol{x}_j)\cdots\varphi_{n_N}(\boldsymbol{x}_N)$$

あらゆる入れ替えを考えると $N!$ 通りの式が同じ状態を表していることになる。しかし入れ替えで生まれる多数の式のどれを見ても、それが粒子の入れ替えに対して対称か反対称かなんて意味は含まれていそうもない。そこでちょっと工夫して次のような表現に直してみよう。

$$\psi \;=\; \frac{1}{\sqrt{N!}}\begin{vmatrix} \varphi_{n_1}(\boldsymbol{x}_1) & \varphi_{n_2}(\boldsymbol{x}_1) & \cdots & \varphi_{n_N}(\boldsymbol{x}_1) \\ \varphi_{n_1}(\boldsymbol{x}_2) & \varphi_{n_2}(\boldsymbol{x}_2) & \cdots & \varphi_{n_N}(\boldsymbol{x}_2) \\ \vdots & \vdots & & \vdots \\ \varphi_{n_1}(\boldsymbol{x}_N) & \varphi_{n_2}(\boldsymbol{x}_N) & \cdots & \varphi_{n_N}(\boldsymbol{x}_N) \end{vmatrix}$$

これを「**スレーター行列式**」と呼ぶ。行列式というのは展開してやるとプラスが付いたりマイナスが付いたりする項が全部で $N!$ 通り並ぶことになるわけだが、そこで現れる項の一つ一つが、上で考えた $N!$ 通りの波動関数と同じものになっている。だからこの行列式も先ほどの方程式の解の資格があるのである。$\sqrt{N!}$ が先頭に付けてあるのは規格化のためである。

この辺りは線形代数に出てくる行列式の性質を理解していないと有り難みが分からず感動も薄いかも知れない。例えば 3×3 の行列式は次のような意味である。

$$\begin{vmatrix} a & b & c \\ d & e & f \\ g & h & i \end{vmatrix} \;\equiv\; aei \;+\; bfg \;+\; cdh \;-\; afh \;-\; bdi \;-\; ceg$$

左辺の行列の一番上の行から一つを選び、上から二番目の行からは先ほど選んだ縦の一列を避けてどれか一つ選び、一番下の行からは、まだ選んでいない列にあるものを選んで積を作る。右辺の各項はどれもそのような法則で選んだものの積から出来ている。こうやって全ての可能な組み合わせを作るのである。各項の符号が正になるか負になるかは特別なルールがあるのだが、例えば aei のように左上から右下に向けて素直に選んだ場合には正になり、afh のように二行目から選ぶ列と三行目から選ぶ列を入れ替えたりすると負になるといった具合になっている。ここで説明すると長くなるので、いつかは線形代数を学んでみてほしい。とにかく、粒子を入れ替えて作った項の符号が反転するという性質とピッタリ合うようになっているのである。

もう少し全体に目を向けよう。スレーター行列式の二つの行を入れ替えることは粒子を入れ替えることに対応するが、行列式の性質によれば、二つの行を入れ替えると全体の符号が変わるのである。つまりこの行列式の全体は、先ほどの方程式を満たす幾つもの解のうち、フェルミオンの性質を表してくれる唯一の表現になっているのである。

この表現の中に重大な秘密が隠されている。行列式には二つ以上の行または列が同一だと全体が 0 になるという性質があるのだった。ところが、ある n_i と別の n_j の値が一致するとき、スレーター行列式の二つの列が一致してしまう！ これは同一の状態を取る粒子が存在しているという意味であり、一組でもそのようなものがあると、全体の波動関数 ψ は 0 になってしまうということである。つまり、フェルミオンは同じ状態に 2 個以上は存在できないことを意味しているのである。フェルミオンは全ての粒子が異なる状態を取らなくてはならない。さもなければ、存在し得ないのである。

まぁ、こんな大道具を持ち出さなくても理屈はもっと簡単だ。もし同じ状態に二つの粒子があったとして、それらの粒子を入れ替えても波動関数の上では全く変化がないはずだ。しかし粒子を入れ替えた場合には関数全体の符号は必ず逆になるのだという主張を通すためには、その関数自体がそもそも 0 だったのだと結論するしかないというだけのことだ。

ところで、電子は一つの状態に一つしか入れないという性質があったのを思い出そう。それは「パウリの排他原理」と呼ばれていたのだった。その性質はこのような事情の現れだったのである。電子というのはフェルミオンに分類される粒子の一つであると言える。

フェルミオンの場合にだけスレーター行列式のようなものがあるのは不公平に思うことだろう。ボソンの場合にも同じように、粒子の入れ替えに対して関数が対称であることをはっきり表す方法がないだろうか。まぁ、それは簡単なことである。スレーター行列式を展開したときに現れるマイナス符号の項を全てプラスに置き換えたものを使えばいい。行列式を英語では「デターミナント」と呼ぶが、これはそれに対して「パーマネント」と呼ぶ。それは次のように表される。

$$\psi = \frac{1}{\sqrt{N!}} \begin{bmatrix} \varphi_{n_1}(\boldsymbol{x}_1) & \varphi_{n_2}(\boldsymbol{x}_1) & \cdots & \varphi_{n_N}(\boldsymbol{x}_1) \\ \varphi_{n_1}(\boldsymbol{x}_2) & \varphi_{n_2}(\boldsymbol{x}_2) & \cdots & \varphi_{n_N}(\boldsymbol{x}_2) \\ \vdots & \vdots & & \vdots \\ \varphi_{n_1}(\boldsymbol{x}_N) & \varphi_{n_2}(\boldsymbol{x}_N) & \cdots & \varphi_{n_N}(\boldsymbol{x}_N) \end{bmatrix}$$

これがボソンを表す唯一の表現ではあるのだが、フェルミオンとは違って同じ状態に幾つの粒子が入っても関数は 0 になったりはしないので、場合によってはかなりの数の項がまとめられることになるだろう。例えば全ての粒子が同じ状態にあれば、全ての項が 1 項だけにまとまってしまう。

波動関数をこのようにデターミナントやパーマネントで表すことでどんな利点があるかという具体例はここではやらない。ただこの形式で計算すれば排他原理が自動的に理論に盛り込まれることになって便利なことがある、とだけ書いておこう。

統計力学によれば、同じエネルギー状態に一つずつしか粒子が入ることが許されず、粒子が増えるほど次々に高いエネルギー状態に入らざるを得ない場合には、「**フェルミ・ディラック統計**」という確率分布の計算手法に従うのだった。一方、そのような制約がない場合には、「**ボース・アインシュタイン統計**」という手法に従うのだった。

フェルミオン、ボソンの名前の由来はここから来ている。フェルミ統計に従うものをフェルミオン。ボース統計に従うものをボソンと呼んだのが始まりだ。

「フェルミオンであるかボソンであるかの違い」は重要であり、色々な場面で論じられる。そのたびに「フェルミオンであるかボソンであるか」と繰り返すのは面倒であるから、代わりに「**統計性**」という用語がよく使われる。この単語が出てきたら、それを「フェルミオンであるかボソンであるか」と読み替えてやれば意味が繋がるはずだ。

6.4 統計性とスピン

パウリの排他原理のようなことが起きていてくれないと辻褄の合わない事情があるということが分かった。つまり、複数の粒子が同じ状態を取るようなことは解としてありえないから起きないでいるわけだ。ある電子が「自分は本当はあのエネルギー状態に入りたいけど、先客がいるからここで我慢しよう」などと考えているわけではない。また、何かの大きな力が働いて、同じ状態に二つ以上の電子が入らないように保っているわけでもない。ただ複数の粒子の集まりが全体として、そういう「全ての粒子が異なる状態を取る」という状況を実現することが合理的な解なのである。

しかし、なぜ粒子を入れ替えると全体の波動関数の符号が入れ替わるのかという根本的な問いについてはまだ説明されないままだ。「論理的に許されていることはどんなことでも起こり得るから」なんて答では満足できない。なぜ全ての粒子がボソンではいけないのだろう。なぜ全ての粒子がフェルミオンではないのだろう。ボソンとフェルミオンにどんな仕組みがあってこの差を生んでいるのだろう？

実は粒子の「統計性の違い」はスピンと深い関係があって、粒子のスピンが $\hbar/2$ の奇数倍であるときに粒子はフェルミオンになり、偶数倍のときにボソンになることが知られている。しかしこれについては「場の量子論」を使わないとうまく説明できない。残念ながらこの本の説明の範囲外だ。さらにスピンの話ですらもこの本には入れられなかった。

複数の粒子が固く結び付いてあたかも一つの粒子のように振る舞うことがある。このとき、その中に偶数個のフェルミオンが含まれるなら、これは全体としてはボソンとなる。フェルミオンが奇数個の場合には全体としてはフェルミオンとなる。例えば陽子も中性子もフェルミオンであるが、これらが 2 個ずつ集まって出来たヘリウム 4 の原子核はボソンである。中性子の一つ足りないヘリウム 3 の原子核はフェルミオンである。

一方、ボソンの個数は関係ない。ボソンだけをいくら組み合わせてもフェルミオンにはならない。

なぜこんなことが起こるのだろうか？ 簡単な話だ。偶数個のフェルミオンが集まって出来た複合粒子二つを交換するというのは、その中に含まれるフェルミオンを偶数回交換したのと同じことになる。それで波動関数の符号はもとのまま変わらない。これはボソンの性質だ。

これは「スピンと統計性の関係」とも辻褄が合う。例えばスピン $\hbar/2$ が二つ合成されるとスピンは 0 か $\hbar$ になるから、スピン $\hbar/2$ の粒子が二つ合わさるとボソンになるというのは先ほどの関係を崩さない。例外のないルールというのは気持ちいいものだ。

この章では1粒子だけを考えていたのではたどり着けない概念があるのを知った。ボソンかフェルミオンかというのは、複数の粒子があって初めて意味を持つ。単独の粒子が他から切り離されて独立して存在すると考えるのは正しくないのかも知れない。複数の粒子の集まりを一つのものとしてとらえることによって、この宇宙の仕組みが本当に理解できるのかも知れない。

私の言いたいニュアンスがうまく伝わっているだろうか。粒子というのは大きな「全体の状態」を決めている要素なのではなく、つまり個々の粒子が集まって全体を決めているというのではなく、実はその逆ではないのかと思うのだ。「全体の状態」が結果として個々の粒子たちを生み出しており、粒子のようなものが存在しているというのも錯覚のようなものに過ぎないのではないかと思うのである。

6.5　エニオン

ボソンは同じ状態に無限に入ることができて、フェルミオンは同じ状態に1個しか入ることができない。では同じ状態に2個までは入れるが3個以上は入れない粒子だとか、3個までは入れるが4個以上は入れない粒子などといった中間的な存在はないのだろうか？ これらは「**パラ統計**」と呼ばれており、かつては理論的に熱心に調べられたこともあった。しかし何しろそれに対応するものが現実に存在しなかったために次第に顧みられなくなってしまったのである。

ところがフェルミオンでもボソンでもない不思議な粒子が見つかったのだ。それは「**エニオン**」と呼ばれている。通常の 3 次元空間の理論ではありえないことだが、2 次元空間に限定したような特殊な量子力学ではそのようなものが出てくる。なぜなら、2 次元の世界では粒子を交換するときに右回りで交換したのか、左回りで交換したのかに差があるため、2 回の交換で元の状態に戻らなければならない必然性がないからである。一方、3 次元の場合には右回りは反対側から見れば左回りでもあり、全く同じ操作であると見なされる。そのため、2 次元での粒子交換のときの位相変化は 1 か -1 である必要はなくて、もっと自由な任意の複素数の値を取ることができる。このことから「any-on」と名付けられたのである。any は「任意の」という意味で、「on」は粒子を意味する。

エニオンは前節で話したスピンと統計性の間に成り立つルールを壊さない。2 次元の量子力学では角運動量の交換則が複雑でないために、スピンの値は 3 次元の場合のような制限を受けないからである。

確かにこれはボソンでもフェルミオンでもないが、パラ統計とも違う複雑な振る舞いをするようである。分数統計と呼ばれるものに従うらしいが私はそれがどんなものかまだ知らない。最近では精密加工技術の進歩によってそのような理論が現実に適用できるような状況も作り出せるようになってきた。エニオンを量子コンピュータの実現に利用しようとしている話も聞く。

第７章　解釈論争

7.1　粒子性の正体

第５章では、波動関数の重ね合わせを使って粒子性を説明できないかと考えてみた。しかし粒子によく似た、一箇所に集中した波束を作っても、シュレーディンガー方程式に従う限りは徐々に形が崩れてしまってうまく行かないのだった。

また第６章では複数粒子を記述する波動関数が出てきて、それが抽象的な空間上の波であるにもかかわらず、１粒子の場合と同じように使えそうだというのを見た。どうやら波動関数というものが現実の空間に存在している何かを表しているという考えに強くこだわる必要もなさそうなのである。

では粒子とは何だろうか？ 波動関数とは何だろうか？

量子力学には粒子の軌道という概念が無い。観測したときに粒子がどこに見出されるか、ということだけが問題になるのであって、それは確率で決まるのである。

我々の頭の中には「粒子は物理法則によって決まる軌道に沿って連続的に進む」ものだという思い込みがある。これは我々の日常の経験のせいだ。目に見えるマクロな物体を調べているときには、常に物体に光が当たり、空気分子が当たり、ほぼ連続的に観測をし続けているのと変わらないので、物体は位置を確定した状態で進む。あたかも物体が連続的に移動しているかのように錯覚しているだけなのだ。

軌道など考えなくても、粒子の位置の期待値の変化の様子が古典力学に従ってさえいれば何も問題はない。粒子は観測するたびにいつもその期待値の近辺に見出されることだろう。少々のずれはあっても、多数の観測の平均を取れば気にならない。これで古典力学とも辻褄が合う。第４章で説明したエーレンフェストの定理はこのことを示す大切な概念だったのである。

粒子の軌道を心配する必要がない以上、波束がいつまでもその形を保っていることは必要ではない。徐々に波形は崩れ、粒子の位置の不確かさは増して行くことになるだろうが、再び観測をした瞬間に、測定器の精度の幅と同程度の広がりを持った波束が再び形成してくれればいいだけのことだからだ。

そんな都合のいいことがなぜか起こるのである。いや、そう考えればなぜか現実の現象と辻褄が合うという意味である。伝統的な「確率解釈」では波動関数について何と言っていただろう？「観測する前の波動関数は様々な状態が重なった状態を表しているが、観測の瞬間に、観測されなかった状態は全て消え失せ、観測された状態に確定する」と。これはほんのさっき言ったことの別表現に過ぎない。

たとえ粒子の位置を表す波が全宇宙に広がっていようとも、粒子が観測にかかった瞬間にはその波は観測された一点に集まってくる。光の速さを超えて！いわゆる、「**波束の収縮**」と呼ばれる問題であって、量子力学はなぜこのような現象が起こるかについてはいまだに何も説明できていない。

波がもし実在する何かだと考えるならこれは大問題である。観測のその瞬間、実在であるその波にどんな現象が起きてそうなったのかを説明しなくてはならない。しかし「それは実在などではなく、粒子を見出す確率についての、観測者にとっての知識を表しているに過ぎないのだ」と言っておけばとりあえずはこの問題から逃げることができる。だから、物質は「波動」としての性質を持つが「粒子」としても観測される、などというよく分からない表現になるわけだ。

ところで、誰が粒子を見ただろう？粒子が「一点」にあるのを観察したことがあるだろうか？精度よく観察すれば、あたかも一点にあるように見えるだろうが、どんな観測をしようとも観測精度には限界がある。その幅の程度の広がりの中のどこかにあることが明らかになるだけである。つまり、その幅程度に縮んだ波を見ているのと同じことなのではないだろうか？

さあ、我々が粒子と呼んできたものについてもう一度思いをめぐらしてみて欲しい。それらは本当に「在る」のだろうか？二重スリットの実験で電子が蛍光スクリーンに当たってポツッと光を放つとき、それは何を見たのか？粒子そのものだろうか？いや、電子の波が、スクリーン上にある一つの原子の広がりの範囲に捕らえられたという結果を見ただけだとは言えないだろうか？

確かに波束が収縮する仕組みは分からない。しかしそれこそが「粒子」というものがあたかも実在するかのように演出している正体ではないだろうか？ また分からなくなってきてしまった。

ところで霧箱（きりばこ）というのを知っているだろうか？ 普通の日本人に聞けば「桐箱」を思い浮かべるかも知れない。しかし物理関係者ならまず間違いなく「霧箱」の方を先に思い出すはずだ。

これは放射線を目で見るための道具である。1927 年にウィルソンによって発明された。これはまさに量子力学の建設期のことであり、白熱した議論がとりあえず一段落ついたくらいのことであった。

透明容器の中の圧力を急激に下げることで過飽和状態という霧の出来やすい状態を作り出す。何か少しでもきっかけがあれば、気体が液体に変わることのできる状態である。そこに電荷を持った高エネルギーの粒子が突き抜けるとイオン化された分子が凝集して霧となり、その軌跡が飛行機雲のように白い筋となって一瞬のうちに現れるのである。

この装置は中学生、高校生でも工作できる程度のものであり、作り方はネット上で検索すればすぐに見つかる。手動の簡易ポンプなどで圧力を下げる方法を使った場合にはその瞬間しか過飽和状態を保つことができないが、アルコールとドライアイスを使って連続的に観測ができる方法が手軽であり、よく紹介されているはずだ。

さて、この糸のような白い筋が一体何なのかということで物理学者たちが少しの間だけもめたことがある。蒸気がイオン化して凝集して霧になって云々なんて仕組みについては彼らにとって大した問題ではなかったのだが、観測の瞬間に確率的にしか位置が特定できないはずの粒子が、なぜ連続した一本の軌跡を残して突き進むのか、という部分が問題だった。量子力学には「軌道」という概念を持ち込むべきでない、ということに皆が納得し始めた頃にこのような発見があったのだ。

ほどなくして、この現象は量子力学と矛盾を起こすことなく説明された。高エネルギーの素粒子が霧箱の中に飛び込むと、箱の中に多量にある空気の分子のいずれかと電磁気力を介してある確率で反応する。このとき、素粒子が持っているエネルギーの一部を分け与えることになる。これは衝突の一種だと言ってもいい。この衝突の後、素粒子は再び波として広がり、しばらく位置がはっきりしない状態になるが、それほど遠くない場所で、また別の分子との衝突を起こす。このようにして、多数の原子と反応するたびに位置をその原子近くの一定範囲に確定しつつ進むのである。位置が確定すると言っても正確に一点に定まるわけではないだろう。そのお陰で運動量の不確かさもある程度の範囲に保たれており、どこへ飛んで行くか分からなくなるほどではない。毎回の衝突の位置は確率で決まるのでミクロな視点で見れば決してまっすぐ進んでいるわけではないのだが、遠く離れた視点で全体を見てやれば、おおよそまっすぐ進んでいるかのように見える足跡を残すというわけだ。

このようなイメージで考えてやると、粒子をイメージすることはもはや是非とも必要というわけではなくなってくる。波として広がっては、ある範囲に収縮することを繰り返す不思議な性質の波を考えるだけで済むだろう。粒子が粒子の姿のまま移動する過程などというものはないのだ。観測したときにだけ現れるゴマ粒や砂粒のような姿のものをわざわざ空想しなくてもいい。考えても別に悪くはないが、必要ではない。

しかし第１章の最後でも話したように、電子は確かに粒として存在しているのだった。そのことについてはどうやって理解したら良いのだろう？

実は我々は重要なことを見落としているのである。第３章では「１粒子のシュレーディンガー方程式」ばかりを考えていた。この式は「１粒子」が存在する状況を表すためだけのものである。第６章では「２粒子のシュレーディンガー方程式」も出てきた。こちらの式は「２粒子」が存在する状況を表すためだけのものである。このようなものを使っている時点で「粒子」があることが前提になってしまっている。もとより「粒子性」が仮定されてしまっていたのである。

さあ、そのような波動で粒子の形を作って喜んでいることにどれほどの意味があるだろう？「1粒子のシュレーディンガー方程式」からどんな形の波動が導かれようとも、それは「1粒子」の波動でしかない。

ここで考え方を変えよう。波動関数が空間全体に広がっていようと、一点に集中していようと、どんな形であっても、それは1粒子を表していることに変わりないのだ。物理学者が考える粒子とは、必ずしも、大きさの無い一点の粒のことではない。またどこにあろうと関係ない。そんなことにはこだわってはいない。数を数えることのできる存在を粒子と呼んでいるだけなのだ。

正確にはこの概念を表すために「量子」という言葉がわざわざあるわけだが、科学者の日常会話では「粒子」と「量子」はほぼ同義語である。

量子力学は粒子の数をあらかじめ固定して考える理論だと言える。もし粒子が生まれたり消滅したりする様子についても理論化したいのならば、反応の前後で粒子の数が変化してもいい理論を考えなくてはならない。それを実現したのが「**場の量子論**」だ。それによると、場から場へのエネルギーや運動量の受け渡しが、必ず、ある量の塊として一瞬で行われるので、あたかも粒子のようなものが存在しているかのように解釈できるのである。しかもその反応が時空の一点で行われると仮定した上で、起こり得るあらゆる可能性を計算するとうまく行く。これがしばしば「素粒子は大きさのない一点であると考えられる」と語られる理由である。

一般向けの科学雑誌で説明されているような絵に描いた粒のイメージは本質ではないし、正しい理解を与えるものでもない。ビーズのような粒が一直線に突き進むイメージなんてどこかに捨ててしまって構わない。存在の数、反応の数を「数えられること」だけが粒子性の本質なのである。どうして誰もそういう説明をしてあげないのだろうか？ほら、科学者たちの難解な説明が見えるようになってきただろう？

科学者たちはとっくに未来へ進んでいるのに、一般の人々は100年近くも昔の考え方をいつまでもそのままの形で教えられているのが現状だ。

第1章で書いたことをもう一度書いておこう。アインシュタインは光電効果を説明したとき、「光は粒子だ」とは決して言っていないそうだ。光の粒のことを光子（フォトン）と名付けたのも後の人であって彼ではない。アインシュタインはこう言った。「光は粒子のように振る舞う」すなわち「光は量子的だ」と。この微妙な表現に込められた彼の意図が汲み取れるだろうか。

量子力学の重要さは今でも変わらないわけだが、素粒子を研究するためにはそれを超える理論も必要である。粒子数が増減する可能性を表すことのできる理論。量子力学が「場の量子論」へと発展する動機の一つがここに表れている。

実は「場の量子論」にはこれ以外の動機もある。相対論の要求を満たすようにすることだ。これは成功している。世の中には量子力学と相対論は相性が悪いとかいう話が広がっているようだが、それもまた誤解である。「場の量子論」が作られる前に**「相対論的量子力学」**というものもちゃんと作られているくらいだ。ではなぜそのような誤解が広まったかと言えば、それは「場の量子論」と「一般相対性理論」とを結び付ける試みがうまく行っていないせいである。これらはどちらも難しいので、それらを一つにすることはなお難しい。これがうまく行けば、重力の影響さえもがミクロの世界では「粒のように」受け渡されることがはっきりするのだが、ひょっとすると宇宙はそういう仕組みにはなっていないのかも知れないし、我々にはまだまだ分からないことが多い。

場の理論あれこれ

「場の量子論」に興味を持った読者が今後混乱しないように一言書いておきたい。この本ではこれまで「場の量子論」という書き方で統一してきたが、これは「量子論的な場の理論」だとか「量子場の理論」だとか呼ばれることもある。いずれも同じものである。

一方、「場の古典論」や「古典場の理論」と言えば、それは量子力学を導入する以前の電磁気学や一般相対性理論のことを指している。これらは電磁場や重力場など、やはり「場」の考え方を使っているからだ。

7.2 シュレーディンガーの猫

量子力学によれば、測定値は確率によって決まるのだと言う。この考えに何か不都合があるだろうか。慣れてしまえば大して奇妙でもない。測定するまでは幾つかの可能性が同時に存在していて、測定をした瞬間に状態がその中の唯一つに固定するというわけだ。観測するという行為が状態を定めると言ってもよい。これは「状態は測定する以前から定まっているのだが観測するまで知りようがない」というのとは根本的に違っている。確率でしか分からないというのは我々の無知によるのではないからである。

その事実は二重スリットの実験にも現れている。異なる可能性を表す確率の波どうしはお互いに干渉して、確かに測定結果に影響を与えているのである。観測されるその瞬間までは、あらゆる可能性は確かに現実に存在していたかのようだ。

では観測とは一体何だろう。観測という行為の一体何が、測定結果を唯一つに定めるのだろう。何かを知るためには対象に触れなくてはならない。「触れる」とは何だろうか。ミクロの世界では全てのものが小さいために、普通に経験しているような意味での「触る」という行為ができない。

我々の指先でさえ、細かい粒で出来ている。その粒の一つが対象にぶつかり、跳ね返ったものを別の粒が受け止めて、それを繰り返して力が伝わって行く。そういうイメージで考えてみると、結局のところ、観測とは、対象に何かをぶつけて跳ね返ってきたものを分析することで対象を知るということらしい。何らかの方法で対象に働きかけなくては、それを知ることはできない。

いやいや、物をぶつけるだなんて乱暴なことをしなくても、ただありのままを「見る」だけでも観測はできるだろうと思うのが日常の感覚だ。しかし見るためには光が必要だ。「見る」という行為は、対象にぶつかって跳ね返ってくる光を調べているのである。対象から何も飛んでこなければ見ることすらできない。

「触れ」もせず、「見」もせず、ただ静かに目を閉じて瞑想していれば、やがて対象を全身で「感じる」ことができるかも知れない。そんな感覚があると信じている人は意外に多いものである。しかし相手から何も発せられないのにどうやって感じるのだろう。それは何を感じたというのだろう。私もそんな能力が欲しいが、論理的には受け入れ難い話だ。

とは言うものの、物理学者は瞑想する以外の方法で、対象の在りのままの姿を把握することができる。対象が持つありとあらゆる可能性こそ対象の在りのままの姿だと言えるのではないだろうか。そこまではシュレーディンガー方程式で解けるのである。分からないのはその先で、対象に触れてしまったとき、何が状態をただひとつに収縮させるのか、という点だ。

状態が定まるのは、物をぶつけた瞬間だろうか？ そうではない。ぶつけたものが跳ね返ってくるのを観測するまでは、その跳ね返ってきたものさえ量子力学の観測対象である。それが対象にぶつかったのか、ぶつからなかったのか？ どんなぶつかり方をしたのか？ 対象についてのどんな情報を持ってたどり着くのかさえ色んな可能性が重なっていて、確率としてしか分からないのである。

今度はそれを「観測」しなくてはならない。そのようにして、状態は確定しないまま、他の粒子へ他の粒子へと連鎖し引き継がれる。

すると状態は一体どの時点で定まるというのだろうか？ 光が目の中に飛び込んだ時点だろうか？ いや、目に飛び込まなかった可能性もあったはずだが、それはどこへ消えたのだろう？ 光が視覚細胞を刺激した時点だろうか？ 同じ光が的外れの方向へ向かっていた可能性もあったわけだ。その信号が神経に伝わった時点だろうか？ いや、それも多くの可能性の一つでしかなくて、まだ他の可能性と重なったまま同時に存在しているのではないだろうか？

こう考えていくと、やがては我々が「観測した」と意識する瞬間にまでたどりつく。このときまでには確かに状態は唯一つに定まっている。それまでの間の一体いつ、状態が確定したのであろうか。観測者が意識したそのときに初めて状態が唯一つに定まるとでも言うのだろうか。対象を対象として認識する「意志」の存在が、状態を確定させるとでも？

余りに馬鹿げている。アインシュタインは次のように言って量子力学への不満を露わにした。

「月は人が見ているときにだけ存在するのだろうか」

アインシュタインのことを「量子力学を受け入れることができなかった頑固者」だと評する人々は、量子力学を心の底から受け容れることができているとでも言うつもりだろうか。それともアインシュタインほど考えもせずに、受け容れた気になっているだけだろうか。

我々の日常の常識では、観測しようとしまいと状態は定まっているはずだ。日常の世界と量子力学のミクロの世界の間の、一体どのレベルでこのような差が生じているのだろう。

シュレーディンガーは、量子力学の考え方がどれほど荒唐無稽であるかを訴えるため、量子力学的な状態がそのままマクロの状態へと反映されるような喩えを持ち出した。

次のような実験装置を作ることを考えてみたのである。用意するものは、中の見えない密閉できる箱と、ラジウムなどの放射性物質と、放射線の検出装置と、リレー装置とハンマーと、青酸。もし検出装置がラジウムから出る放射線を検知したらリレーに電流が流れ、ハンマーが青酸ガスの入ったビンを叩き割るような仕組みを作り、これらを全て箱の中にセットする。ラジウムの量を調整すれば、一時間以内に検出器が作動する確率を半々にしておくことができる。そして最後に、この箱の中に猫を入れて、蓋を閉じて密閉する。この喩えを「**シュレーディンガーの猫**」と呼ぶ。

これから一時間の間に検出器が放射線を検知するかどうかは全くの確率で決まる。もし検知すれば猛毒のビンは割れ、中の猫は死ぬだろう。検知しなければ猫の命に何の問題もない。

さあ、一時間後、中の猫はどうなっているだろうか。生きているか死んでいるか、二つに一つだ。どちらかしかないはずだ。

しかし量子力学では、それは観測するまで分からないと言っているのだ。「生きている猫と死んでいる猫の二つの可能性が重なって存在している」のであり、それは、箱を開けて観測した瞬間に決定すると主張しているのである。

いや、そうじゃないだろう！ 箱を開ける前にすでにどちらか一方に決まっているはずだ。

「さあ皆さん、どうか気付いて考え直して下さい。量子力学を今のまま受け容れるあなた方はこんなにも馬鹿げた話を信じているのです！」

シュレーディンガーはそう言いたかった。それに対する最も冷静で論理的な答えは次のようなものである。

「私たちはそのような考えをすることが正しいか間違っているかを確かめる手段を何一つ持っていないし、そのような考え方をしたところで、実際、何の矛盾も起こらない」

こうして量子力学の考え方の愚かしさを示すために考案された実験装置が、今では量子力学の考え方がどのようなものであるかを堂々と人々に宣伝するための道具として使われてしまっている。
シュレーディンガーは論争に疲れ、「物理なんかやるんじゃなかった」と言って生物学へと転向した。それで彼は生物学でも活躍するのだから大したものだ。シュレーディンガーは分子生物学の教科書の最初のページに載るような業績を残した人物でもある。

最後に注意しておくが、物理学者はこのような馬鹿げた装置を実際に作るつもりはないし、この装置を使って何か新しいことが発見できるとも考えてはいない。これは単なる思考実験であって、実際に猫を殺すようなことはしていないので誤解のないようにして欲しい。

7.3　創作小話

教授が学生にシュレーディンガーの猫の実験をやらせることにした。
「今から正確に一時間後にこの箱を開けてくれ。私はその５分後にこの部屋に戻ってくる」
一時間後、学生は箱を開けた。死んだ猫が入っていた（毒ガスが外に漏れないように中はガラス張りになっていたと考えよう）。
教授は予告通り、５分後に部屋の扉を開けて入ってきた。

「ああ、死んでいたのか。しかし私が部屋の扉を開けて入ってくるまでは、確かに猫が生きている状態と、猫が死んでいる状態の重ね合わせだった」
「いえ、先生。5分前からずっと、猫が死んだことは確定していたのです。先生が扉を開けた瞬間に確定したのではありません」
「そうではない。『5分前に生きた猫を発見した君』と『5分前に死んだ猫を発見した君』が確かに重なっていたのだよ。私が扉を開ける瞬間までは」
「だとすると、先生がこの部屋に入る直前まで私はもう一つの可能性と重なっていて干渉を起こしていたことになります。しかし私はそんな存在は知りません。猫の生死はすでに5分前に確定していたのです」
「いや、それでいいのだ。君は可能性の一つなのだから他の可能性に気付かなくて当然だ。それに君は原子に比べて遥かに巨大な存在だから、そのような干渉の効果は私にとっても無視できる程度のものだった」
「マクロな存在どうしは干渉を起こさないと証明されているのですか？」
「いや、複雑すぎて完全な証明はされていない。あ、そうそう、実はこの部屋は二重構造になっていてね、もうそろそろもう一人の学生が外の扉を開けて入ってくることになっている」
「すると、それまでは我々も可能性の一つに過ぎないということですか？」
「そうだ」
「もしその人が我々の方を選ばなければ、我々はなかった可能性として消え失せるのでしょうか？」
「はっはっは。そんなことは起こらん。彼は確実に『猫が死んだこちらの世界』に入ってくる」
「なぜそんな保証があるんです？」
「私に話を合わせなくてもいいよ。常識で考えればいい。私は彼に来るように指示しておいた。来るに決まっている。それに私は毎年、学生をつかまえてはこの実験をやっているが、何度やってもそういう結果だ。私はこれまで消えたことなんか一度も無い」
「え？ いや、それは……」
「よし合格！」

7.4　ウィグナーの友人

「ウィグナーの友人」という喩え話がある。それは「シュレーディンガーの猫」の喩えを発展させたものだ。その話を紹介する人の意図によってさまざまなバリエーションが作られているのでどれがオリジナルなのかが分かりにくくなっている。しかし有名な物理学者であるウィグナー先生がその友人に「シュレーディンガーの猫」の実験をさせるところまではどれも共通している。

前節の小話はそれにヒントを得て書いただけであり、オリジナルのそれとは掛け離れている。色んな想像ができるように色んな解釈を織り交ぜて書いてあるが、解釈なんて人それぞれなので自由に考えてもらえばいい。登場人物もどれかの解釈に固執してはいない。

オリジナル版では、猫の生死の代わりに電灯を使う。これは友人に猫を殺させるようなことをしたくないという心遣いもあるが、もう一つの理由は、この友人が物理学者ではないことである。素人にも実験結果がはっきり分かるように電灯を使う。なぜ素人の友人を使うのか。それは観測する「意志」とは何か、という問いかけでもある。「シュレーディンガーの猫」では観測者はその実験の意味を知っていた。しかし猫は何も知らなかった。猫は実験装置の一部であった。では、何も知らない「人間」ではどうなのか。猫と何の違いがあるのか。そこでウィグナー先生は友人を実験装置の一部として使うのである。意志の存在が状態を確定させるのか、そうではないのか。

ウィグナー先生は密閉された部屋の中にいる友人に電話で結果を尋ねる。「電灯は点いたかね？」さて、状態が確定したのはどの時点だろう。友人が電灯を見た時点か、先生からの電話を受け取った時点か、先生が結果を知った時点か。

電話の代わりに手紙を使うバージョンもあって、友人は実験結果を遠く離れた先生に書き送る。こちらには密閉された壁は出てこない。さて、状態が確定したのは友人が手紙を書いた時点か、先生が手紙を受け取った時点か、封を開けた時点か、手紙を読んだ時点か？

いや、私は人がどう思うかという憶測にはあまり興味は無いし、どの解釈にもこだわるつもりは無い。ただどの答えが本当なのかを知る方法があるのなら教えてもらいたいと思っている。

7.5　多世界解釈

観測によって状態がただひとつに定まる仕組みはまだ分かっていない、というのは何度も繰り返してきた。では何を行えば観測したとみなされるのだろうか。そもそも観測とは一体どういうものだと定義されているのだろうか。

実は、学問的に厳密な「観測の定義」というのはまだ作られていないのである。これまでのところはごく素朴に「状態についての情報を得ることである」と考えるだけで済ましてきたし、それ以上のことが言えるような状況ではないのだった。

観測をするという行為の一体何が状態を変えてしまうのか、観測の本質とは何かという部分はいつの日か解明されなくてはならない今後の課題である。

ところが、観測後に状態がただひとつに決まる謎について悩む必要のない解釈の仕方がある。「**多世界解釈**」と呼ばれるものだ。

先ほどのシュレーディンガーの猫の話では、ミクロの世界の状態がマクロな存在である猫の状態にまで結びついて、「二つの可能性が同時に存在している猫」になってしまっていたのだった。それは、明らかにおかしいと思ってもらえるように準備した喩え話ではあったが、この話を積極的に認めることにしてみよう。我々が何かを観測した後で、もしも外部にこれから我々のことを観測しようとしている者がいた場合には、我々自身がシュレーディンガーの猫のようになって複数の可能性が重なって存在しているのではあるまいか。それぞれに違った観測結果を得た我々自身が、消滅することなく同じ世界に生き続けていることになる。

「多世界解釈」という名前にはとてもインパクトがあって人々の興味を誘うには良いのだが、観測を行うたびに多数の世界に分かれるというニュアンスがあるせいで誤解を誘っているようだ。別に我々の観測のせいで世界が分裂するわけではない。我々自身も波動関数で記述される存在であって、その波動関数が多数の可能性が重なった状態で表現される形になるだけのことだ。

しかしイメージ的にはやはり SF に出てくるパラレルワールドに似ている気がする。パラレルワールドというのは、自分たちのいる世界とは別の選択をして分岐した別世界のことである。自分とは異なる観測結果を得た自分以外の自分が住む世界はまるでパラレルワールドのようではないか。ただ、「多世界解釈」がそのような SF と大きく違っているのは、異なる観測結果を得た自分自身のことを決して認識できないという点であろう。SF ではそのような他の世界と互いに行き来できたり、別世界の自分と出会ったり、過去に戻って重大な選択をやり直して歴史を変えてしまったりもする。多世界解釈はそのような空想の産物ではないのだ。

もしこのような多世界解釈のイメージが気に入ったとしても「私は多世界解釈を支持します」などと軽々しく発言するのは危険であることを注意しておこう。なぜなら、量子力学の解釈問題をめぐっては専門の研究者たちの間で激論が交わされており、どれかの解釈を「支持する」と言えば、それは「他の解釈に比べて明らかに優れていると主張できる理論的根拠があります」という意味で取られる可能性が高いからである。激論の内容をあまり知らなければ「私は多世界解釈のイメージが気に入っています」くらいの表現にとどめておくべきだろう。

このイメージをそのまま広げてゆくと、やがては宇宙全体を記述するたった一つの波動関数があって、それがシュレーディンガー方程式に従って変化を続けるというイメージにまでたどり着く。しかしそれには明らかに無理があろう。宇宙全体が一定のエネルギーだとすると、波動関数は全体の位相が変化するだけであって何も面白い変化が起きないからだ。たとえ宇宙が、この世界で起こり得るありとあらゆる全ての可能性を表現していたとしても、それらを繋ぐ変化がなければ何の意味があるだろうか。いや、こんなことを言っても、そもそも宇宙全体がこんな単純な方程式に従っているはずはないだろうから、この点を責めて多世界解釈をおかしいと言うわけにはいかない。

議論の焦点は別のところにある。果たして多世界解釈は、確率解釈に頼らないで済む、他より上位の優れた理論になり得るだろうかというものだ。シュレーディンガー方程式だけで観測の瞬間に起きることの説明が付くものだろうか。それまで同時に存在して干渉を起こしていた幾つかの可能性が、互いに干渉を起こさない複数の状態の重ね合わせへと勝手に変化することはあるだろうか。このような干渉性（コヒーレンス）の消失のことを「**量子デコヒーレンス**」と呼ぶ。それは周囲からの熱的な影響によって説明可能だという説もある。もしそれが正しいなら、我々がわざわざ観測を行わなくても、ミクロの熱的な雑音の影響によって状態は次々と勝手に確定して行っていることになる。あるいは観測という行為が、デコヒーレンスを引き起こす撹乱の一つだと言えるようになるかも知れない。シュレーディンガーの猫の問題を解決できそうな話だ。しかしこのようなことが説明できなければわざわざ多世界解釈を選ぶことに有利な点は何もなくて、主流の確率解釈を頼りにイメージを広げただけの世界観だと言わざるを得ない。

量子力学はその基礎が確立してから 100 年近くも経ち、科学の中ですでに揺るがぬ地位を占めているわけだが、根本の部分にはまだまだ解決すべき課題、ひょっとしたら近いうちに解決できるかも知れない難しい課題が残されているのである。

人の意志とは何だろう？ 目の前にいる君は唯一の君なのだろうか？

付録

本文中で説明すると話の流れが悪くなりそうなので避けた内容、そして詳しく知らなくても理解するのに問題がなさそうな内容をここに集めて解説しておく。少し高度な話も混じっているので、焦らずに取り組んでみてほしい。

A. 位相速度と群速度

第１章ではあまり話の流れとは関係がないからと言って詳しくは説明しなかったが、それほど難しいわけではないので書いておかないと気になる。暇なときに軽い気持ちで読んでもらいたい。

振動数の異なる波を重ね合わせると奇妙なことが起こる。「うなり」が起きるのである。しかしそれは高校の物理でも学ぶことなのでここで詳しく話すのはやめておこう。

空気中を伝わる音波や真空中を伝わる電磁波は振動数が違っていても波の伝わる速度は同じである。ところが、ガラスの中を伝わる光や金属中を伝わる超音波のように、振動数によって波の伝わる速度が異なるという場合がある。そのときには高校の物理で学ぶ以上に奇妙なことが起こる。「うなり」の波形の進む速度が、波そのものとは異なる速度で移動するのである。

その「うなり」の速度は波よりも速いこともあれば遅いこともある。後ろ向きに進むこともあれば空間に止まっているかのように振る舞うこともある。この波の動きの奇妙さは紙の上では説明しにくい。「百聞は一見に如かず」といった感じなのだ。自分でじっくり考えてみるか、コンピュータを使って再現してみるか、どこかで動画を探して見てもらうのが手っ取り早い。

ここではその「うなり」の進む速度の計算方法を簡単に説明するだけにしておこうと思う。その前に波についての基本を説明しておく必要がありそうだ。高校では波を次のように表したと思う。

$$f(x,t) \ = \ A \sin \left[2\pi \left(\frac{x}{\lambda} \ - \ \nu t \right) \right]$$

ν は振動数で、λ は波長である。慣れている形とはかなり違うかも知れないが、これでも意味は変わらないということを自力で確認してみてほしい。

しかしこのままでは計算がややこしくなるので、記号の置き換えをしてみる。波数 k と角振動数 ω というものを導入して次のように定義するのである。

$$k \ \equiv \ \frac{2\pi}{\lambda} \quad , \quad \omega \ \equiv \ 2\pi\nu$$

こうすると波の式は次のように簡単に表現できるという利点がある。

$$f(x,t) \ = \ A \sin(kx - \omega t)$$

この記法は「慣れれば」とても便利である。私はこれを受け容れるのにかなり心理的な抵抗があったが、本格的な物理ではこちらを使う方が多いので是非とも早めに警戒心を解いて慣れてもらいたい。

波の速度 v は「振動数 × 波長」で計算できるが、新しく導入した記号では次のように表される。

$$v \ = \ \nu\lambda \ = \ \frac{\omega}{2\pi} \frac{2\pi}{k} \ = \ \omega/k$$

先ほど振動数によって波の速度が変わる場合があると書いたが、そういった傾向はこの ω と k との関係によって表すのが理論家たちの習慣になっている。これを「**分散関係**」と呼ぶ。プリズムによって太陽の光が七色に分散するのは、まさに光の振動数の違いによってガラス中での速度が異なることに起因しているからである。もし定数 c を使って $\omega = ck$ と表せるなら、振動数によらずに波の速度は常に c であるが、それとは違う関係になっていれば、振動数によって速度が異なっている状況を表しているのである。

では基礎の確認を終えたのでいよいよ本題に入ろう。二つの波が重なり合わさったとき、その結果として生じる波形は、三角関数の「和積の公式」

によって次のように表される。

$$\sin(k_1 x - \omega_1 t) \ + \ \sin(k_2 x - \omega_2 t) \\ = \ 2\sin\left(\frac{k_1 + k_2}{2}x - \frac{\omega_1 + \omega_2}{2}t\right)\cos\left(\frac{k_1 - k_2}{2}x - \frac{\omega_1 - \omega_2}{2}t\right)$$

話を単純にするため、二つの波の振幅はどちらも1だとしておいた。波長も振動数も似通った二つの波を重ね合わせた場合には、この式の意味を考えるのはとても簡単である。この式の右辺の sin 波の中にある $(k_1+k_2)/2$ も $(\omega_1+\omega_2)/2$ も元の二つの波の平均値であるから、元の波とあまり変わらず振動していることになる。一方、cos で表された波は $(k_1-k_2)/2$ も $(\omega_1-\omega_2)/2$ も非常に小さくなり、ゆっくり変動する、波長の長い「うなり」となることが読み取れる。

この「うなり」の移動速度のことを「**群速度**」と呼び、重ねる前の元の波とほとんど変わらない速度で伝わる波の速度のことを「**位相速度**」と呼んで、両者を区別するのである。

「波長も振動数も似通った二つの波」と書いたが、これをもう少し理論的に表してみよう。一方の波の波数と角振動数を $k_1 = k$、$\omega_1 = \omega$ とし、もう一方の波の波数をそこから少しだけずらして $k_2 = k + \mathrm{d}k$ としよう。そのとき、ω_2 は自由には決まらない。分散関係によって縛られているからである。分散関係は $\omega(k)$ という関数として表されていると考えることもできる。波数を $\mathrm{d}k$ だけずらしたことによって ω がどれだけずれると話が合うかというと、次のように近似してやればいいだろう。

$$\omega_2 \ \fallingdotseq \omega \ + \ \frac{\mathrm{d}\omega}{\mathrm{d}k}\mathrm{d}k$$

位相速度 v_p の方は、わざわざ計算しなくても、ほぼ

$$v_p \ = \ \omega/k$$

のままだと考えることができる。一方、群速度 v_g の方もそれほど難しい計

算が要るわけでもなく、

$$
\begin{aligned}
v_g &= \frac{\omega_1 - \omega_2}{2} \Bigg/ \frac{k_1 - k_2}{2} = \frac{\omega_1 - \omega_2}{k_1 - k_2} \\
&= \frac{\omega - \left(\omega + \frac{\mathrm{d}\omega}{\mathrm{d}k}\,\mathrm{d}k\right)}{k - (k + \mathrm{d}k)} = \frac{-\frac{\mathrm{d}\omega}{\mathrm{d}k}\,\mathrm{d}k}{-\,\mathrm{d}k} \\
&= \frac{\mathrm{d}\omega}{\mathrm{d}k}
\end{aligned}
$$

として求められる。

位相速度が ω/k で群速度が $\mathrm{d}\omega/\,\mathrm{d}k$ だというよく似た形式になっているが、それはたまたまのことであって、あまり関係性はない。自分は昔、この辺りのことを小難しく説明している教科書を読んで全く理解できず、結果だけを眺めて神秘的な空想を広げてしまったのだった。

ついでだから第 1 章で書いた内容をさらに補足しておこう。$E = h\nu$ という関係と $p = h/\lambda$ という関係から

$$
\begin{aligned}
E &= h\nu = \frac{h\omega}{2\pi} \\
p &= h/\lambda = \frac{hk}{2\pi}
\end{aligned}
$$

である。等速直線運動をする粒子の E と p の関係を $E = p^2/2m$ だと考え、上の式をこれに代入してやると、

$$
\begin{aligned}
\frac{h\omega}{2\pi} &= \frac{1}{2m}\,\frac{h^2k^2}{(2\pi)^2} \\
\therefore \omega &= \frac{h}{4\pi\, m}\,k^2
\end{aligned}
$$

という ω と k の関係が導かれる。これがド・ブロイ波の分散関係である。これを使って群速度を計算してやると、

$$
v_g = \frac{\mathrm{d}\omega}{\mathrm{d}k} = \frac{hk}{2\pi\, m} = \frac{p}{m} = \frac{mv}{m} = v
$$

となって、粒子の速度に一致する。

このことから、粒子の正体はド・ブロイ波の重ね合わせによって作られた「うなり」なのではないか、ということが一時期真剣に検討されたのである。

B. 偏微分の座標変換

本文中で省略した偏微分の座標変換の方法がどうしても気になる読者のために、簡単に説明しておこう。極座標への変換を例にして話を進めることにする。極座標というのは次の図のようなものであり、空間の点の場所を (x, y, z) ではなく (r, θ, ϕ) で表す方法である。

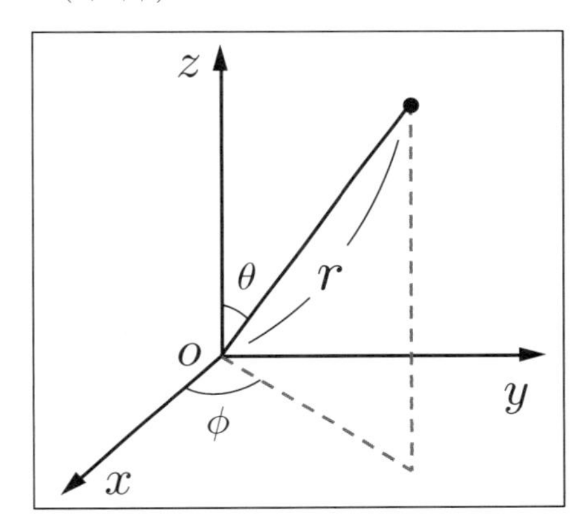

つまり (x, y, z) と (r, θ, ϕ) との間には次のような関係が成り立っている。

$$
\begin{aligned}
x &= r \sin\theta\cos\phi \\
y &= r \sin\theta\sin\phi \\
z &= r \cos\theta
\end{aligned}
$$

このとき、例えば $\frac{\partial f}{\partial x}$ と同じものを極座標の変数だけで表すためにはどうしたらいいだろうか？ これを正しく理解するためには少しだけ遠回りが必要だ。三つの段階に分けて説明しようと思う。

B.1 全微分

多変数の関数 $f(x, y, z)$ について考える。変数 x、y、z がそれぞれ勝手に微小量 Δx、Δy、Δz だけ変化すると、それに合わせて関数 f の値も変化するだろう。その変化量 Δf は次のように表せる。

$$
\Delta f = f(x + \Delta x,\ y + \Delta y,\ z + \Delta z) - f(x, y, z)
$$

この式は次のように変形してやることができる。

$$
\begin{aligned}
&= \ f(x+\Delta x,\ y+\Delta y,\ z+\Delta z) \\
&\quad - f(x,\ y+\Delta y,\ z+\Delta z) \ + \ f(x,\ y+\Delta y,\ z+\Delta z) \\
&\quad - f(x,\ y,\ z+\Delta z) \ + \ f(x,\ y,\ z+\Delta z) \\
&\qquad - f(x,y,z)
\end{aligned}
$$

2 行目と 3 行目を勝手に付け加えただけであり、これらは前後のプラスマイナスで打ち消しあって 0 になっている。この式の改行位置を少し変えてやろう。

$$
\begin{aligned}
&= \ f(x+\Delta x,\ y+\Delta y,\ z+\Delta z) \ - \ f(x,\ y+\Delta y,\ z+\Delta z) \\
&\quad + f(x,\ y+\Delta y,\ z+\Delta z) \ - \ f(x,\ y,\ z+\Delta z) \\
&\quad + f(x,\ y,\ z+\Delta z) \ - \ f(x,y,z)
\end{aligned}
$$

1 行目は x だけを変化させたときの f の変化を表しており、2 行目は y だけを変化させているし、3 行目は z だけを変化させている形になっている。これを次のように変形させてみよう。

$$
\begin{aligned}
&= \ \frac{f(x+\Delta x,\ y+\Delta y,\ z+\Delta z) \ - \ f(x,\ y+\Delta y,\ z+\Delta z)}{\Delta x}\Delta x \\
&\quad + \frac{f(x,\ y+\Delta y,\ z+\Delta z) \ - \ f(x,\ y,\ z+\Delta z)}{\Delta y}\Delta y \\
&\quad + \frac{f(x,\ y,\ z+\Delta z) \ - \ f(x,y,z)}{\Delta z}\Delta z
\end{aligned}
$$

この式の分数の部分は、高校で学ぶ普通の微分の定義式を思い出させる。微小変化が無限小であるような極限を考えれば、ほとんど同じ形である。ここまで微小変化を Δx などと書いてきたが、無限小を意識して記号を改めよう。

$$
\begin{aligned}
\mathrm{d}f &= \lim_{\mathrm{d}x,\,\mathrm{d}y,\,\mathrm{d}z\to 0} \frac{f(x+\mathrm{d}x,\ y+\mathrm{d}y,\ z+\mathrm{d}z) \ - \ f(x,\ y+\mathrm{d}y,\ z+\mathrm{d}z)}{\mathrm{d}x}\,\mathrm{d}x \\
&\quad + \lim_{\mathrm{d}x,\,\mathrm{d}y,\,\mathrm{d}z\to 0} \frac{f(x,\ y+\mathrm{d}y,\ z+\mathrm{d}z) \ - \ f(x,\ y,\ z+\mathrm{d}z)}{\mathrm{d}y}\,\mathrm{d}y \\
&\quad + \lim_{\mathrm{d}x,\,\mathrm{d}y,\,\mathrm{d}z\to 0} \frac{f(x,\ y,\ z+\mathrm{d}z) \ - \ f(x,y,z)}{\mathrm{d}z}\,\mathrm{d}z
\end{aligned}
$$

なぜ無限小を考える必要があるのだろうか。一つの理由は、微小変化が無限小に近づく極限で、この分数部分が一定の値に落ち着く場合に限って、その値のことを微分だとして定義しているからである。

もう一つの理由は、多変数関数の場合、x に変化のない状態で y が変化するのと、x が変化した後の状態で y が変化するのとでは結果がわずかに違ってしまうかも知れないけれど、無限小ならば、そのような差は無視しても良い程度であろうと考えられるからである。

例えば、上の式の中に、

$$\lim_{\mathrm{d}x,\,\mathrm{d}y,\,\mathrm{d}z\to 0} \frac{f(x+\mathrm{d}x,\ y+\mathrm{d}y,\ z+\mathrm{d}z)\ -\ f(x,\ y+\mathrm{d}y,\ z+\mathrm{d}z)}{\mathrm{d}x}$$

という部分があるが、これは

$$\lim_{\mathrm{d}x\to 0} \frac{f(x+\mathrm{d}x,\ y,\ z)\ -\ f(x,\ y,\ z)}{\mathrm{d}x}$$

と同じ値だと考えても良いだろうというわけだ。

この形式を見て分かるように、これは他の変数を変化させないで行う微分だと考えればいい。すなわち、これが偏微分の理論的な出どころである。このような lim 記号や分数を使って毎回書くのは面倒なので、これを $\frac{\partial f}{\partial x}$ などと書き表すことにしたのである。この偏微分の記号を使えば、先ほどからの計算は次のように簡単に表すことができる。

$$\mathrm{d}f\ =\ \frac{\partial f}{\partial x}\mathrm{d}x\ +\ \frac{\partial f}{\partial y}\mathrm{d}y\ +\ \frac{\partial f}{\partial z}\mathrm{d}z$$

この形式を「**全微分**」あるいは「**完全微分**」と呼ぶ。

B.2 一階の偏微分の座標変換

関数 $f(x,y,z)$ を x で偏微分した量 $\frac{\partial f}{\partial x}$ があるとする。これと全く同じ量を極座標の変数だけを使って表したい。そのためにまずは、関数 $f(x,y,z)$ に含まれる変数 x、y、z のそれぞれに次の変換式を代入してやろう。

$$\begin{aligned} x &= r\sin\theta\cos\phi \\ y &= r\sin\theta\sin\phi \\ z &= r\cos\theta \end{aligned}$$

そうすることで、関数 f の変数は (r, θ, ϕ) へと変わる。これによって関数の形は変わってしまうのだが、意味は同じものなので引き続き f と表そう。今や $f(r, \theta, \phi)$ となったこの関数は、もはや x で偏微分することはできない。ではどうしたらいいだろうか？

$\frac{\partial f}{\partial x}$ というのは、変数のうちの x だけが変化したときの f の変化率を表していたのだった。今は、x が微小変化したらそれに合わせて r、θ、ϕ のいずれもが変化する可能性がある。(r, θ, ϕ) が微小変化したときの $f(r, \theta, \phi)$ の微小変化は次のように表される。

$$\mathrm{d}f \ = \ \frac{\partial f}{\partial r}\mathrm{d}r \ + \ \frac{\partial f}{\partial \theta}\mathrm{d}\theta \ + \ \frac{\partial f}{\partial \phi}\mathrm{d}\phi$$

これは先ほどの全微分の話の変数を変えてみただけのものである。今は x が微小変化したことによる f の変化率を求めたいのだから、この両辺を $\mathrm{d}x$ で割ってやればいい。

$$\frac{\mathrm{d}f}{\mathrm{d}x} \ = \ \frac{\partial f}{\partial r}\frac{\mathrm{d}r}{\mathrm{d}x} \ + \ \frac{\partial f}{\partial \theta}\frac{\mathrm{d}\theta}{\mathrm{d}x} \ + \ \frac{\partial f}{\partial \phi}\frac{\mathrm{d}\phi}{\mathrm{d}x}$$

しかしこの式の表記はあまり正しくない。今は変数 x、y、z のうちの x だけを変化させたという想定なので、両辺にある常微分は、この場合、すべて偏微分で書き表されるべき量であるのだ。

$$\frac{\partial f}{\partial x} \ = \ \frac{\partial f}{\partial r}\frac{\partial r}{\partial x} \ + \ \frac{\partial f}{\partial \theta}\frac{\partial \theta}{\partial x} \ + \ \frac{\partial f}{\partial \phi}\frac{\partial \phi}{\partial x}$$

これで、x による偏微分を r、θ、ϕ による偏微分の組み合わせによって表す関係が導かれたことになる。ちょっと分かりにくいだろうか。すっきりさせてみよう。ここまで関数 f を使って説明してきたが、この話は別に f でなくともどんな関数でもいいわけで、この際、書くのを省いてしまうことにしよう。

$$\frac{\partial}{\partial x} \ = \ \frac{\partial r}{\partial x}\frac{\partial}{\partial r} + \frac{\partial \theta}{\partial x}\frac{\partial}{\partial \theta} + \frac{\partial \phi}{\partial x}\frac{\partial}{\partial \phi}$$

ただ f を取り除いただけではないことに気が付いただろうか。各項内で順序を入れ替えてある。f を省いただけだと $\frac{\partial}{\partial r}$ などは「微分演算子」になり、「そのすぐ後に来るものを微分しなさい」という意味の記号になってしまうので都合が悪いからである。例えば第 1 項の f を省いてそのままの順序にしておくと、この後に来る関数に $\frac{\partial r}{\partial x}$ を掛けてからその全体を r で微分しなさいという、意図しない意味にとられてしまう。それで式の意味を誤解されないように各項内での順序を変えておいたわけだ。

ここまでは x による偏微分を考えてきたが、他の変数についても全く同じことである。まとめて書き並べておこう。

$$
\begin{aligned}
\frac{\partial}{\partial x} &= \frac{\partial r}{\partial x}\frac{\partial}{\partial r} + \frac{\partial \theta}{\partial x}\frac{\partial}{\partial \theta} + \frac{\partial \phi}{\partial x}\frac{\partial}{\partial \phi} \\
\frac{\partial}{\partial y} &= \frac{\partial r}{\partial y}\frac{\partial}{\partial r} + \frac{\partial \theta}{\partial y}\frac{\partial}{\partial \theta} + \frac{\partial \phi}{\partial y}\frac{\partial}{\partial \phi} \\
\frac{\partial}{\partial z} &= \frac{\partial r}{\partial z}\frac{\partial}{\partial r} + \frac{\partial \theta}{\partial z}\frac{\partial}{\partial \theta} + \frac{\partial \phi}{\partial z}\frac{\partial}{\partial \phi}
\end{aligned}
$$

あとは、$\frac{\partial r}{\partial x}$ などの部分を具体的に計算して求めてやればいい。(x, y, z) から (r, θ, ϕ) への変換は次のように表されるのでこれを利用してやる。

$$
\begin{aligned}
r &= \sqrt{x^2 + y^2 + z^2} \\
\tan\theta &= \frac{\sqrt{x^2 + y^2}}{z} \\
\tan\phi &= \frac{y}{x}
\end{aligned}
$$

例として幾つかやってみよう。例えば $\frac{\partial r}{\partial x}$ は

$$
\begin{aligned}
\frac{\partial r}{\partial x} &= \frac{\partial}{\partial x}\sqrt{x^2 + y^2 + z^2} \\
&= \frac{x}{\sqrt{x^2 + y^2 + z^2}} \\
&= \frac{r\sin\theta\cos\phi}{r} \\
&= \sin\theta\cos\phi
\end{aligned}
$$

となる。

$\frac{\partial \theta}{\partial x}$ を計算するにはもう少し技巧が要る。まずは $\tan\theta = \sqrt{x^2 + y^2}/z$ の両辺を x で偏微分してやる。

$$
\frac{1}{\cos^2\theta}\frac{\partial \theta}{\partial x} = \frac{x}{z\sqrt{x^2 + y^2}}
$$

これを並べ替えると

$$\frac{\partial \theta}{\partial x} = \frac{x \cos^2 \theta}{z \sqrt{x^2 + y^2}}$$

であるが、右辺の x や y や z を極座標の表現に置き換えて整理してやると

$$\frac{\partial \theta}{\partial x} = \frac{\cos \theta \cos \phi}{r}$$

となる。

$\frac{\partial \phi}{\partial x}$ の計算も似たようなものである。$\tan \phi = y/x$ の両辺を x で偏微分して、結果を整理してやればいい。

$$\frac{\partial \phi}{\partial x} = -\frac{\sin \phi}{r \sin \theta}$$

となる。

このようにコツコツと計算したものを代入してやれば、

$$\begin{aligned} \frac{\partial}{\partial x} &= \sin \theta \cos \phi \frac{\partial}{\partial r} + \frac{\cos \theta \cos \phi}{r} \frac{\partial}{\partial \theta} - \frac{\sin \phi}{r \sin \theta} \frac{\partial}{\partial \phi} \\ \frac{\partial}{\partial y} &= \sin \theta \sin \phi \frac{\partial}{\partial r} + \frac{\cos \theta \sin \phi}{r} \frac{\partial}{\partial \theta} + \frac{\cos \phi}{r \sin \theta} \frac{\partial}{\partial \phi} \\ \frac{\partial}{\partial z} &= \cos \theta \frac{\partial}{\partial r} - \frac{\sin \theta}{r} \frac{\partial}{\partial \theta} \end{aligned}$$

という結果になる。

単なる繰り返しになるかも知れないが、念のためにまとめとして書いておこう。例えば、デカルト座標で表された関数 $f(x, y, z)$ を x で偏微分したものがあり、それはつまり $\frac{\partial f}{\partial x}$ のことであるが、これを極座標で表された形に変換したいとする。$\frac{\partial f}{\partial x}$ というのは、$\frac{\partial}{\partial x} f$ という具合に分けて書ける。この $\frac{\partial}{\partial x}$ の部分に先ほど求めた式を代わりに入れてやればいい。つまり、

$$\begin{aligned} \frac{\partial f}{\partial x} &= \frac{\partial}{\partial x} f \\ &= \left(\sin \theta \cos \phi \frac{\partial}{\partial r} + \frac{\cos \theta \cos \phi}{r} \frac{\partial}{\partial \theta} - \frac{\sin \phi}{r \sin \theta} \frac{\partial}{\partial \phi} \right) f \\ &= \sin \theta \cos \phi \frac{\partial f}{\partial r} + \frac{\cos \theta \cos \phi}{r} \frac{\partial f}{\partial \theta} - \frac{\sin \phi}{r \sin \theta} \frac{\partial f}{\partial \phi} \end{aligned}$$

という具合に計算できるということである。関数 f が各項に入って三つに増えてしまうことについては全く気にしなくていい。この計算で正しい。

あとは計算しやすいように、関数 f を極座標を使って表してやればいい。これは簡単であろう。関数の中に含まれている x、y、z を極座標の表現に置き換えてやれば、この関数は極座標 r、θ、ϕ だけで表された関数になる。

B.3 二階の偏微分の座標変換

いよいよ仕上げである。もともと、ラプラシアンの座標変換をするのがこの付録記事の最終目的であった。ラプラシアンというのは次の形をしていた。

$$\nabla^2 \equiv \frac{\partial^2}{\partial x^2} + \frac{\partial^2}{\partial y^2} + \frac{\partial^2}{\partial z^2}$$

ここには 2 階の偏微分が含まれており、そういう場合の座標変換の方法を説明する必要がある。

早速始めよう。関数 f を x で 2 階微分したもの $\frac{\partial^2 f}{\partial x^2}$ は、次のように分けて書くことができる。

$$\frac{\partial^2 f}{\partial x^2} = \frac{\partial^2}{\partial x^2} f = \left(\frac{\partial}{\partial x}\right)^2 f = \left(\frac{\partial}{\partial x}\right)\left(\frac{\partial}{\partial x}\right) f$$

微分演算子が二つ重なるということは、f を x で微分したもの全体をさらに x で微分しなさいということであるから、ちゃんと意味が通っている。このように、微分の記号というのは実にうまく作られている。2 階微分の座標変換を計算するときにはこの意味を崩さないように気を付けなくてはならない。例を挙げなければいけないが、先ほど求めた変換式の中で $\frac{\partial}{\partial z}$ の変換式

$$\frac{\partial}{\partial z} = \cos\theta \frac{\partial}{\partial r} - \frac{\sin\theta}{r}\frac{\partial}{\partial \theta}$$

というのが一番簡単そうなのでこれを使うことにしよう。つまり、$\frac{\partial^2}{\partial z^2}$ というのが $\frac{\partial}{\partial z}$ を二つ重ねたものだからといって、次のように普通に掛け算

をしたのでは間違いだということである。

$$\begin{aligned}\frac{\partial^2}{\partial z^2} &= \left(\frac{\partial}{\partial z}\right)\left(\frac{\partial}{\partial z}\right)\\ &= \left(\cos\theta\frac{\partial}{\partial r} - \frac{\sin\theta}{r}\frac{\partial}{\partial\theta}\right)\left(\cos\theta\frac{\partial}{\partial r} - \frac{\sin\theta}{r}\frac{\partial}{\partial\theta}\right)\\ &= \cos^2\theta\left(\frac{\partial}{\partial r}\right)^2 - 2\frac{\sin\theta\cos\theta}{r}\frac{\partial}{\partial r}\frac{\partial}{\partial\theta} + \frac{\sin^2\theta}{r^2}\left(\frac{\partial}{\partial\theta}\right)^2\end{aligned}$$

2 行目までは問題ない。3 行目で間違いを犯している。演算子の変形は、後に必ず何かの関数が入ることを意識して行わなくてはならないのである。

例えば、$\frac{\partial}{\partial x}g$ という形の演算子があったとする。この関数 g も演算子の一部であって、これはこの後に来る関数にまず g を掛けてからその全体を x で偏微分するという意味である。分かりやすいように関数 f を入れて試してみよう。これは、

$$\frac{\partial}{\partial x}(gf) = \frac{\partial g}{\partial x}f + g\frac{\partial f}{\partial x}$$

のように計算することであろう。だからここから関数 f を省いて演算子のみで表したものは

$$\frac{\partial}{\partial x}g = \frac{\partial g}{\partial x} + g\frac{\partial}{\partial x}$$

という具合に変形しなければならないことが分かる。

このことを頭において先ほどの式を正しく計算してみよう。演算子の後に積の形があるときには積の微分公式を使って変形する。掛ける順番によっ

て結果が変わることにも気を付けなくてはならない。

$$
\begin{aligned}
\frac{\partial^2}{\partial z^2} &= \left(\frac{\partial}{\partial z}\right)\left(\frac{\partial}{\partial z}\right) \\
&= \left(\cos\theta\frac{\partial}{\partial r} - \frac{\sin\theta}{r}\frac{\partial}{\partial\theta}\right)\left(\cos\theta\frac{\partial}{\partial r} - \frac{\sin\theta}{r}\frac{\partial}{\partial\theta}\right) \\
&= \left(\cos\theta\frac{\partial}{\partial r}\right)\left(\cos\theta\frac{\partial}{\partial r}\right) - \left(\cos\theta\frac{\partial}{\partial r}\right)\left(\frac{\sin\theta}{r}\frac{\partial}{\partial\theta}\right) \\
&\qquad - \left(\frac{\sin\theta}{r}\frac{\partial}{\partial\theta}\right)\left(\cos\theta\frac{\partial}{\partial r}\right) + \left(\frac{\sin\theta}{r}\frac{\partial}{\partial\theta}\right)\left(\frac{\sin\theta}{r}\frac{\partial}{\partial\theta}\right) \\
&= \cos^2\theta\frac{\partial^2}{\partial r^2} - \cos\theta\sin\theta\frac{\partial}{\partial r}\left(\frac{1}{r}\frac{\partial}{\partial\theta}\right) \\
&\qquad - \frac{\sin\theta}{r}\frac{\partial}{\partial\theta}\left(\cos\theta\frac{\partial}{\partial r}\right) + \frac{\sin\theta}{r^2}\frac{\partial}{\partial\theta}\left(\sin\theta\frac{\partial}{\partial\theta}\right) \\
&= \cos^2\theta\frac{\partial^2}{\partial r^2} - \cos\theta\sin\theta\left\{\frac{\partial}{\partial r}\left(\frac{1}{r}\right)\frac{\partial}{\partial\theta} + \frac{1}{r}\frac{\partial}{\partial r}\frac{\partial}{\partial\theta}\right\} \\
&\qquad - \frac{\sin\theta}{r}\left\{\frac{\partial}{\partial\theta}(\cos\theta)\frac{\partial}{\partial r} + \cos\theta\frac{\partial}{\partial\theta}\frac{\partial}{\partial r}\right\} \\
&\qquad + \frac{\sin\theta}{r^2}\left\{\frac{\partial}{\partial\theta}(\sin\theta)\frac{\partial}{\partial\theta} + \sin\theta\frac{\partial}{\partial\theta}\frac{\partial}{\partial\theta}\right\} \\
&= \cos^2\theta\frac{\partial^2}{\partial r^2} - \cos\theta\sin\theta\left\{-\frac{1}{r^2}\frac{\partial}{\partial\theta} + \frac{1}{r}\frac{\partial^2}{\partial r\partial\theta}\right\} \\
&\quad - \frac{\sin\theta}{r}\left\{-\sin\theta\frac{\partial}{\partial r} + \cos\theta\frac{\partial^2}{\partial r\partial\theta}\right\} + \frac{\sin\theta}{r^2}\left\{\cos\theta\frac{\partial}{\partial\theta} + \sin\theta\frac{\partial^2}{\partial\theta^2}\right\} \\
&= \cos^2\theta\frac{\partial^2}{\partial r^2} + \frac{\cos\theta\sin\theta}{r^2}\frac{\partial}{\partial\theta} - \frac{\cos\theta\sin\theta}{r}\frac{\partial^2}{\partial r\partial\theta} \\
&\quad + \frac{\sin^2\theta}{r}\frac{\partial}{\partial r} - \frac{\sin\theta\cos\theta}{r}\frac{\partial^2}{\partial r\partial\theta} + \frac{\sin\theta\cos\theta}{r^2}\frac{\partial}{\partial\theta} + \frac{\sin^2\theta}{r^2}\frac{\partial^2}{\partial\theta^2} \\
&= \cos^2\theta\frac{\partial^2}{\partial r^2} + \frac{2\cos\theta\sin\theta}{r^2}\frac{\partial}{\partial\theta} - \frac{2\cos\theta\sin\theta}{r}\frac{\partial^2}{\partial r\partial\theta} \\
&\qquad + \frac{\sin^2\theta}{r}\frac{\partial}{\partial r} + \frac{\sin^2\theta}{r^2}\frac{\partial^2}{\partial\theta^2}
\end{aligned}
$$

かなり面倒な手続きが必要であることが分かるだろう。これと同様にして $\frac{\partial^2}{\partial x^2}$ や $\frac{\partial^2}{\partial y^2}$ も計算して全てを足し合わせてやると、意外にも色んな項が打ち消し合ったりして、次のようなすっきりとした結果が得られるのである。

$$\nabla^2 = \frac{\partial^2}{\partial r^2} + \frac{2}{r}\frac{\partial}{\partial r} + \frac{1}{r^2}\frac{\partial^2}{\partial \theta^2} + \frac{\cos\theta}{r^2\sin\theta}\frac{\partial}{\partial\theta} + \frac{1}{r^2\sin^2\theta}\frac{\partial^2}{\partial\phi^2}$$

これは次のように 3 つの項にまとめることもできる。

$$\nabla^2 = \frac{1}{r^2}\frac{\partial}{\partial r}\left(r^2\frac{\partial}{\partial r}\right) + \frac{1}{r^2\sin\theta}\frac{\partial}{\partial\theta}\left(\sin\theta\frac{\partial}{\partial\theta}\right) + \frac{1}{r^2\sin^2\theta}\frac{\partial^2}{\partial\phi^2}$$

第 1 章で使ったのはこちらの形式だった。

かなり大変な作業であるから、暇つぶしのつもりで根気よく試してみてほしい。

C. ガウス積分

第 5 章の所々や付録 D で使う公式を導いておこう。次のようなものである。

ガウス積分

$$\int_{-\infty}^{\infty} e^{-ax^2}\,\mathrm{d}x = \sqrt{\frac{\pi}{a}} \qquad (a > 0)$$

ガウス分布の式と同じ形の式を積分するので「ガウス積分」と呼ばれているのである。この公式を証明する為には、まず左辺を I と置いて、I^2 を計算してやる。

$$\begin{aligned} I^2 &= \left(\int_{-\infty}^{\infty} e^{-ax^2}\,\mathrm{d}x\right)^2 \\ &= \left(\int_{-\infty}^{\infty} e^{-ax^2}\,\mathrm{d}x\right)\left(\int_{-\infty}^{\infty} e^{-ay^2}\,\mathrm{d}y\right) \\ &= \int_{-\infty}^{\infty}\int_{-\infty}^{\infty} e^{-a(x^2+y^2)}\,\mathrm{d}x\,\mathrm{d}y \end{aligned}$$

これは xy 平面全体の積分となっている。ここで、$x = r\cos\theta$、$y = r\sin\theta$ という変数変換をしてやる。すると (x^2+y^2) の部分は r^2 になる。多変数の積分で変数変換をするときにはヤコビアンという行列式を使うのであるが、今回の変換の場合にはそれは r であり、r が余分に付いて、$\mathrm{d}x\,\mathrm{d}y$ の部分は $r\,\mathrm{d}r\,\mathrm{d}\theta$ になる。そうなる理由を知らなければいつか学んでもらえばいい話で、ここでは知っているものとして変形しよう。

$$
\begin{aligned}
I^2 &= \int_0^{2\pi}\int_0^{\infty} e^{-ar^2}\, r\,\mathrm{d}r\,\mathrm{d}\theta \\
&= \int_0^{2\pi}\mathrm{d}\theta\ \int_0^{\infty} r\, e^{-ar^2}\,\mathrm{d}r \\
&= 2\pi\int_0^{\infty} r\, e^{-ar^2}\,\mathrm{d}r \\
&= 2\pi\left[-\frac{1}{2a}e^{-ar^2}\right]_0^{\infty} \\
&= 2\pi\left[0-\left(-\frac{1}{2a}\right)\right] = \frac{\pi}{a} \\
\therefore\ I &= \sqrt{\frac{\pi}{a}}
\end{aligned}
$$

これで証明終わり。

次のような公式もよく使われる。

ガウス積分の仲間の一つ

$$
\int_{-\infty}^{\infty} x^2\, e^{-ax^2}\,\mathrm{d}x = \frac{\sqrt{\pi}}{2\sqrt{a^3}} \qquad (a>0)
$$

先ほどの公式と比べると、左辺の積分の中に、x^2 が余分に入り込んでいる。この公式は先ほどのガウス積分の公式の両辺を a で微分すれば簡単に得られる。x で微分する問題ばかりに慣れてしまっていると困惑するが、「今だけは x は定数で、a が変数だ」と意識しながら惑わされないように試してみてほしい。

D. ガウス分布のフーリエ変換

ここでは第5章で説明しきれなかった計算をできる限り詳しく説明しておこう。この説明を全て理解するためには「複素積分」か「微分方程式」の知識が必要であるが、いつの日にかここに書いたことが理解できるように頑張ってみてほしい。二通りの方法がある。

D.1 複素積分を使う方法

$$F(k) \ = \ \exp\left(-\frac{1}{4a}k^2\right) \int_{-\infty}^{\infty} \exp\left[-a\left(x \ + \ \frac{1}{2a}ik\right)^2\right] \mathrm{d}x$$

と表せるというところまでは第5章の本文中でやったのだった。この積分の部分の値を求める方法が知りたいのである。

そのために、この式のことはしばらく忘れて、e^{-az^2} という関数の複素積分を考えてみよう。この変数 z は複素数値を意味している。そして複素積分というのは、複素平面上を移動しながら、その時々の z の値を代入しながら足し合わせて進むのである。その移動コースは次の図のようなものだとしてみよう。

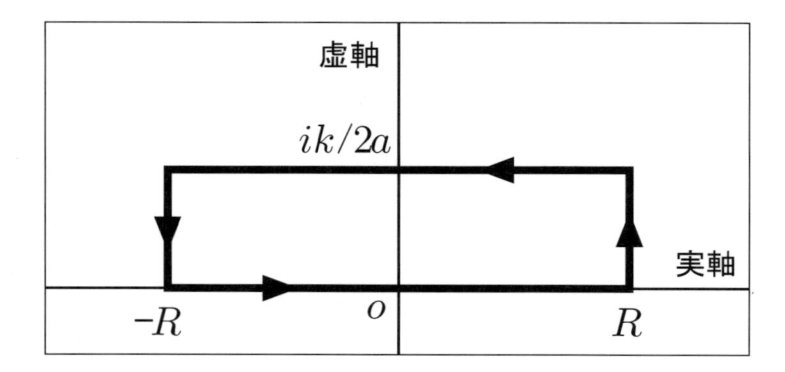

ぐるりと一周して元の地点へと戻ってくるのである。この複素積分は次のようにして4つの辺についての計算に分けることができる。→、↑、←、

↓の順で計算してみよう。

$$\int e^{-az^2}\,\mathrm{d}z = \int_{-R}^{R} e^{-ax^2}\,\mathrm{d}x + i\int_0^{k/2a} e^{-a(R+iy)^2}\,\mathrm{d}y + \int_R^{-R} e^{-a(x+ik/2a)^2}\,\mathrm{d}x + i\int_{k/2a}^{0} e^{-a(-R+iy)^2}\,\mathrm{d}y$$

ところがだ、ここで複素積分の重要で不思議な性質を使うことによって、具体的な計算はほとんど必要なくなるのである。ぐるりと回ったコースの内部に極と呼ばれる特異点（値が無限大になるような場所）が一つも無いときには、コース全体の積分の値は 0 であることが言えるのである。さらに、R を無限大に近付けると、上の式の第 2 項と第 4 項はどんどん 0 へと近づくことになる。e^{-az^2} の中の z^2 の実数部分がとても大きくなるからである。残るは第 1 項と第 3 項だが、今までの話を総合すると、次のような関係が成り立っていることになる。

$$\int_{-\infty}^{\infty} e^{-ax^2}\,\mathrm{d}x + \int_{\infty}^{-\infty} e^{-a(x+ik/2a)^2}\,\mathrm{d}x = 0$$

積分範囲の向きを変えれば符号が変わるので、移項することで次のように書き換えられる。

$$\int_{-\infty}^{\infty} e^{-ax^2}\,\mathrm{d}x = \int_{-\infty}^{\infty} e^{-a(x+ik/2a)^2}\,\mathrm{d}x$$

なるほど、右辺が知りたかった積分の形になっている……。そして左辺は……ガウス積分ではないか！(付録 C を参照) ガウス積分なら簡単だ。というわけで、次のことが言えるのである。

$$\int_{-\infty}^{\infty} e^{-a(x+ik/2a)^2}\,\mathrm{d}x = \sqrt{\frac{\pi}{a}}$$

第 5 章の本文中ではこの結果を説明なしに使ったのだった。それで結局のところ、

$$F(k) = \sqrt{\frac{\pi}{a}}\,\exp\left(-\frac{k^2}{4a}\right)$$

だという結論になるのである。

D.2 微分方程式を使う方法

たった今やったのと同じ計算を別の方法でもやってみよう。「複素積分」などという得体の知れない方法だけではどうも信用ならないという人もあるだろう。求めたい関数 $F(k)$ のそもそもの形は実は次のようなのであった。

$$F(k) \ = \ \int_{-\infty}^{\infty} e^{-ax^2}\, e^{-ikx}\, \mathrm{d}x$$

この両辺を k で微分してやる。

$$\begin{aligned}
\frac{\mathrm{d}}{\mathrm{d}k}F(k) \ &= \ \int_{-\infty}^{\infty} e^{-ax^2}\, \frac{\mathrm{d}}{\mathrm{d}k} e^{-ikx}\, \mathrm{d}x \\
&= \ \int_{-\infty}^{\infty} e^{-ax^2}\, (-ix) e^{-ikx}\, \mathrm{d}x \\
&= \ i\, \int_{-\infty}^{\infty} \left(-x\, e^{-ax^2}\right)\, e^{-ikx}\, \mathrm{d}x \\
&= \ i\, \left(\left[\frac{1}{2a} e^{-ax^2}\ e^{-ikx} \right]_{-\infty}^{\infty} - \int_{-\infty}^{\infty} \frac{1}{2a} e^{-ax^2}\ (-ik) e^{-ikx}\, \mathrm{d}x \right) \\
&= \ i\, \left(- \int_{-\infty}^{\infty} \frac{1}{2a} e^{-ax^2}\ (-ik) e^{-ikx}\, \mathrm{d}x \right) \\
&= \ -\frac{k}{2a}\, \int_{-\infty}^{\infty} e^{-ax^2} e^{-ikx}\, \mathrm{d}x
\end{aligned}$$

途中で部分積分法を使っているが、何とか解読できるレベルだろう。この結果、何が分かったかというと、ほとんど元の $F(k)$ と変わらないものが再び姿を現しただけである。それで、次のような関係が成り立っていることが言えるだろう。

$$\frac{\mathrm{d}F}{\mathrm{d}k} \ = \ -\frac{k}{2a} F(k)$$

これは微分方程式の中でも典型的な「変数分離形」と呼ばれる形をしていて、とても簡単に解ける部類のものである。とは言っても、微分方程式に慣れていなければこの式を次のように変形してしまうことにはちょっと納得が行かないかもしれない。微分の記号をまるで割り算であるかのように扱うのである。

$$\frac{1}{F(k)}\, \mathrm{d}F \ = \ -\frac{k}{2a}\, \mathrm{d}k$$

この両辺を積分してやれば答えが出るはずだ。そこまでが「変数分離形」を解くためのお決まりのパターンなのである。

$$\int \frac{1}{F}\,\mathrm{d}F \ = \ -\int \frac{k}{2a}\,\mathrm{d}k$$

左辺の F も普通の変数だと思って積分してほしい。

$$\log_e |F| \ = \ -\frac{k^2}{4a} \ + \ C$$

この C は積分定数であり、任意の定数である。この対数を外して整理してやると次のようになる。

$$\begin{aligned} F \ &= \ \pm \exp\left(-\frac{k^2}{4a} \ + \ C\right) \ = \ \pm e^C \exp\left(-\frac{k^2}{4a}\right) \\ &= \ A \exp\left(-\frac{k^2}{4a}\right) \end{aligned}$$

A は任意の定数であるが、値を決めることはできるだろうか？ この結果の k に 0 を代入すれば、$F(0) = A$ になることが分かる。そこで最初に出てきた $F(k)$ の式に $k = 0$ を代入して A がどうなるべきかを確かめてやろう。

$$\begin{aligned} A \ = \ F(0) \ &= \ \int_{-\infty}^{\infty} e^{-ax^2}\, e^{-i0x}\,\mathrm{d}x \\ &= \ \int_{-\infty}^{\infty} e^{-ax^2}\,\mathrm{d}x \\ &= \ \sqrt{\frac{\pi}{a}} \end{aligned}$$

ガウス積分が出てきたので前に付録 C で導いた公式を使った。それで結局 $A = \sqrt{\pi/a}$ であることが分かったので、

$$F(k) \ = \ \sqrt{\frac{\pi}{a}}\ \exp\left(-\frac{k^2}{4a}\right)$$

だという結論である。もちろん先ほどの複素積分の方法での計算と同じ結果なので安心してほしい。

あとがき

大事なことを真っ先に書いておこう。あとがきから先に読み始めるせっかちな読者のために言っておくが、この本の内容はこの本だけで一つにまとまっており、中途半端な終わり方はしていないので安心してほしい。しかし私にはすでに続編を書く準備がある。もしこの本の売れ行きが良ければ、そちらの出版も実現するだろう。是非出版したいと思っている。

そのことについて詳しく書いておきたい。本文中で何度か、この本に載せられなかった内容があることを示唆し、残念がる記述がある。実はこの本を書いている途中で、このまま仕上げると 400 ページを軽く超えてしまいそうだということに気が付いた。まだ完成には程遠かったがその時点ですでに 300 ページを超えてしまったのだ。そのような分厚い教科書の前例がないことはないが、原材料や印刷や製本のコストが増えるので、どうしても本の定価を高く設定しないといけなくなる。そして本の定価は売れ行きに直結している。私の推測では、もし値段を倍にすれば読者は半分以下に減ってしまうだろう。倍の手間をかけて作った上に売れ行きが下がったのではバカバカしい。私はなるべく多くの人に読んでもらいたいと願っているから、読者数が減ってしまうのは、利益に関係なく、少しも嬉しくない。それに、出版社の助けを借りて本を世の中に出させてもらっている以上は、関係者に利益をもたらすことで恩返しをしなくてはいけないのである。

それでも、量子力学の基礎的な知識の全てを一冊の本にまとめるというのは魅力的だった。そのようなものを「これぞ量子力学の全て！」「これさえ読めば基礎は十分！」と言って堂々と提供したかった。

そこで私は悩み抜いた。幾つかの章を省いて、せめて 300 ページ弱に収まるようにするか。いやいや、そんなことができようか。これ以上は少しも省きたくはなかったのである。私が説明できそうな範囲の全てを入れられそうにないことはかなり早い段階で分かっていたので、すでに泣く泣く内容を厳選していたのだった。これ以上はどれを外しても未練が残ってしまう。

そこで、半分に分けてしまうことが急に現実的に思えてきた。上下巻に分かれている量子力学の教科書は割りと多い。量子力学を説明するためには、やはりそれくらいのページ数が必要なのだ。しかし、そういうやり方は私自身、あまり好きではなかった。二冊買わないと完結しないようなものなら、二冊揃えて買いたい性格である。しかし一冊目の途中で挫折したりしないだろうか？ 読み切ることのできなかった一冊目だけを部屋に置いておくのはカッコ悪い気がする。

しかしどうだろう？ マンガだって、1巻、2巻と続くではないか。そんな調子でどこまで続くか分からない量子力学の本というのも珍しくて面白いかもしれない。

そこで、すでに書けている原稿を真っ二つに分けた。これで一旦は150ページ程度にまで減ったわけだが、十分な説明を書き加えて行くうちに再び現在のページ数にまで増えたのである。やはり分けておいて正解だった。

分け方については非常に悩んだ。これだけの内容でまとめるのは無理だとも思った。ヘタすれば後半は出版できず、二度と陽の目を見ないのだ。出版社にはこの決断についてはすでに相談済みだったが、続編出版の保証はしてもらえなかった。出版社を欺いて、締切日になって「分厚い一冊が出来ちゃいました！」と持って行くことも何度も考えた。考えただけでなく、時々はその方針に逆戻りして書き進めた。

最終的に大切にしたのは読者の気持ちだ。分厚い教科書を書いて、最後まで読めないようなものになってしまったら、読者は挫折感を味わうだろう。私自身がそんな思いばかりしてきたのだ。読み通せる分量がいい。一冊を読み切った後で、これならもう一冊分あってもチャレンジできるのではないか、と思えるものがいい。そして、著者が伝えようとしていることのほとんどを理解できたかのような満足感が得られるものがいい。そこで、あたかもこの一冊で完結しているかのような形を目指した。多分、成功していると思う。

このような経緯であるから、序文に書いたことを少し弁解しなくてはならない。確か「量子力学の理論の根底にあるのは線形代数だ」などと書いたはずだ。しかしこの本の範囲では、量子力学と線形代数の関係についてほとんど何も触れられなかった。私は約一年前にあの序文を書いてしまってから、本文を書き始めたのである。そして結局のところ、説明するつもりでいた中心的な内容については、続編に賭けることになった。一冊で完結するようなふりを見せて、この本には実は伏線が張られまくっているのである。そう言えば、そういう作りの映画もよくある。

結果的に、この本の内容には自信を持っている。難しすぎないし、大事な基礎をよく説明しているし、全体にも目を向けている。続編があるとしたら、もっと細かい話だ。波動関数ではなくベクトルを使って理論化する方法、状態変化の確率を計算する手法、角運動量の話、そしてスピンの話、ある一点での観測結果が宇宙の遠く離れた地点での観測結果に一瞬にして影響を及ぼす話。もし余裕があれば相対論的な量子力学にも触れたい。ヘタしたら三冊になるかもしれないな。どれも面白い話だ。何とか実現できるように準備を始めるとしよう。

この本を書くように出版社からお誘いがあったのは相対論についての本を出して間もない頃だったから、もう 7 年近くもお待たせしてしまったことになる。いつか量子力学についての本を書くというのはずっと前からの私の目標であったから、張り切ってすぐに準備を始めたし、1 年で書き上げるつもりだった。しかしすぐに重圧に押し潰されてしまった。もっと勉強しなくてはこんなものを書く資格など自分にはありはしないと感じたのである。地道に問題集に取り組んだ大学生の方が私よりずっと詳しく知っていることだろう。私は自分が気になったことだけを適度に解決すれば満足してしまう性格で、わざわざ難しい問題にあれこれチャレンジして自分を鍛えようなどとは全く思わなかったのである。量子力学についても理解が曖昧なところが幾つもあった。

しかし今さら、仕事もしながら、空いた時間をひたすら物理の問題集を解くことだけに集中するなどというのは気の遠くなるような話だ。私のようにじっくりゆっくり考えるタイプの人間にとって、物理の問題集に載っているような問題を 1 問解くのは早くて数時間、場合によっては数日、下手をすれば数週間も悩まされることがある。数分の作業で解けるように設計された高校までの問題が懐かしい。大人にはじっくり一つのことを考えることのできるまとまった時間がないのだ。手軽で楽しい娯楽なら他に幾らでもある。

毎晩、夜中に自宅を抜け出しオフィスで作業を進めたが、やがて鬱になってしまった。遅々として進まないことに嫌気が差したのである。勉強しても自信がつくどころか、どんどん失われて行ったのだった。物理の勉強を何一つする気にならない日々が続いた。
鬱になったと言ってもブランクは数ヶ月だ。出版のための作業に戻るだけの気力は出なかったが、物理数学についての記事を書いて誰でもネットで読めるようにした。線形代数も、フーリエ解析も。今まで自分が弱点だと思っていた部分を、記事を書く必要にかられて再勉強した。しかし、量子力学にだけは手が出せなかった。まるでそこから逃げるように、他の分野についての記事を増やし続けた。

「そろそろ限界だ。量子力学から逃げていたのではこれ以上進めやしない」

そんなことをしている間に、世の中はどんどん不景気になっていった。苦労して本を書いてるどころではない。それよりも生活を何とかしなくては、というのでますます本を書く気力が失せていった。しかしやがて事情が変わった。収入がどんどん落ちてゆき、本でも書いた方がまだマシなのではないか、というレベルになったのである。仕事を捨てて、本を作ることに集中することにした。もう何度目かの人生の賭けである。タイムリミットは一年だ。
それも順調に進んだわけではない。最初の数ヶ月は、心の重荷になっている物理の疑問を晴らすためにあっという間に過ぎ去った。それは結局はこの本には出てこなかったのだが、それに答えを出すまでは自信が持てなかったのだ。

自分で決めたタイムリミットの終わり頃になって、重大なことに気が付いた。このまま行くと 400 ページを超えてしまうのだ。そのことは最初に書いたので省略しよう。
このような本を書いていると、これくらいの内容はもう今では誰でも知ってるんじゃないかという気がしてくる。専門家が書かれた教科書を開くと、自分が書こうとしていることが全て分かりやすく載っている気がしてくる。自分がわざわざ書く必要はないのではないかという思いとも戦ってきた。

本書の執筆中、ファンの皆様より絶えず励ましの言葉やアドバイス、技術的な助けを頂いた。また参考書籍の購入の支援も多くの方が寄せて下さったが、これらは直接的にも精神的にも大きな助けになった。さらに(株)メダカカレッジの大上丈彦氏並びに梵天ゆとり氏からは多くの手助けを頂いている。本書を書くように誘って下さった理工図書の山田久男氏は根気強く待ち続けて下さったが、昨年ついに定年退職の連絡を下さったときにも、是非完成に漕ぎ着けるようにとの励ましを下さり、引き続きのサポートを受ける手配までして下さった。(株)マッドサイエンスの小野寺みどり氏は、私が漠然としたイメージだけで注文したものを形にして、素晴らしい挿絵を描いて下さった。

これらのことを思うと、この本はすでに私一人のものではなくなっているなという気がしてくる。しかし内容については誰にも秘密にしたまま一人で書き上げたので、至らない部分があればそれらは全て私の責任である。

2015年2月2日

広江　克彦

参考図書

私はこれまで量子力学に関係のある色々な本に目を通してきたけれども、隅々まで読み込んで理解したと自信を持って言える本はほとんどない。多くの本から少しずつヒントを得ながら何とか学んできたからである。その時々の自分のレベルに合った部分をあちこちから吸収してきたので、何をどの本から学んだのだったか自分でも覚えていない。出会った本の全てをもれなく挙げるわけにはいかないから、私の手元にある本のうち、読者がこの後でチャレンジしてみると良いのではないかと思う本を幾つか挙げておこうと思う。手に入りにくくなった本や、難しすぎるのではないかと思う本は除外させて頂いた。

およそ私が簡単だと思う順に並べておいたが、人によって相性というものもあるし、私が長く悩まされた本も混じっているので油断しないでほしい。

- 小出昭一郎 著『量子力学 (I)・(II)』　裳華房（1969）

  安心のロングセラー。1990 年に改訂版が出ているので古臭くもない。分かりやすく書いてくれてあるが、淡々と進む感じがあるので、第 1 巻の後半辺りからは計算の意味を把握するのに少し苦労し始めるかも知れない。

- 前野昌弘 著『よくわかる量子力学』　東京図書（2011）

  論じている範囲は広くないにもかかわらず厚みのある本。細かいことを深くじっくり検証するのが好きな人には合うと思う。つまづくようなところはほとんどないほど親切だが、読者の根気が持続するかどうかだけが心配だ。タイトルの通り、よくわかるが、スラスラ分かるというわけではない。

- W. グライナー 著『量子力学概論』
  シュプリンガー・フェアラーク東京（2000）

  かなり厚い本でひと通りのことが説明されている。図も多く例が豊富で分かりやすいが、前から順番にじっくり読もうとすると、知りたいことになかなか辿りつけず、じれったくなるかも知れない。心とスケジュールに余裕をもって読み進むか、興味のないところはあまり気にせず早めに見切りを付けて先へ進み、後で全体を繋げるような読み方をするといい。

● 清水明 著『新版 量子論の基礎』　サイエンス社（2003）

量子力学の全体像をひと通り掴んだと思えた後で、量子力学の理論体系が何を前提にしてどうまとめられるのかをもう一度整理するために読むといい。「基礎的」な本ではなく、「量子力学の理論の基礎をどこに置くか」を論じた本である。

● 猪木慶治・川合光 著『量子力学 I・II』　講談社（1994）

大学の教科書としてもよく使われており、標準的な内容だと言われている。しかし量子力学に関係する数学をある程度理解してから読まないと付いていけない。数学でつまづかなければ多くのことをテンポよく学べる。計算方法の実例を学ぶ本だと言えるかも知れない。

● 砂川重信 著『量子力学』　岩波書店（1991）

式変形が丁寧だという評判があるが、話の進み方はとても早く、内容がぎっしり詰まった本である。初学者にはお薦めしないが、ひどく難しいというわけでもなく、ここに載せようかどうかギリギリ迷った。

こうして書き並べてみると、どれも個性のある教科書ばかりであることが分かる。そして、私の書いた本もこれらの本とは違った方向を向いていることが再確認できて一安心である。これまで苦しんで戦った甲斐があったというものだ。本を書き上げる頃になると、自分は一年もかけてどの本にでも書いてあることを書いてしまったのではないかと不安になってきたのだった。また、自分の作ってきた結果が小さく見えてしまい、この程度のことを書くのになぜ一年も掛かってしまったのか、とも思えてきたのだった。今はただ一刻も早く、読者の方々の元にこの本をお届けして評価を待ちたいという思いである。

索引

■さ■

■た■

■な■

■は■

■ま■

■ら■

【著者紹介】
広江　克彦（ひろえ かつひこ）

1972年生まれ。岐阜県出身。
静岡大学理学部物理学科卒。
同大学院修士課程修了。
'00年より、物理学を解説するウェブサイト
「EMANの物理学」の運営を開始。
その内容が徐々に評価され、
'07年に『趣味で物理学』を、
'08年に『趣味で相対論』を続けて上梓。
現在は農業に片足を置きつつ、執筆に励む。
　EMAN（エマン）は中学の頃からのあだ名であり、
ネットでも主にその名前で活動している。

趣味で量子力学

2015年12月11日　初版発行
2022年7月22日　第3版2刷発行

検印省略

著者　広江克彦
発行者　柴山斐呂子

発行所
理工図書株式会社
〒102-0082　東京都千代田区一番町27-2
電話　03（3230）0221（代表）
FAX　03（3262）8247
振込口座　00180-3-36087番

ISBN978-4-8446-0837-0
印刷・製本：丸井工文社